**Amit Gaurkhede**
**Sunil Bhalkare**

# Nova Química Moléculas contra pragas sugadoras do algodão transgénico Bt

**Amit Gaurkhede**
**Sunil Bhalkare**

# Nova Química Moléculas contra pragas sugadoras do algodão transgénico Bt

## Novo grupo de insecticidas contra pragas sugadoras do algodão transgénico Bt

**ScienciaScripts**

**Imprint**

Any brand names and product names mentioned in this book are subject to trademark, brand or patent protection and are trademarks or registered trademarks of their respective holders. The use of brand names, product names, common names, trade names, product descriptions etc. even without a particular marking in this work is in no way to be construed to mean that such names may be regarded as unrestricted in respect of trademark and brand protection legislation and could thus be used by anyone.

Cover image: www.ingimage.com

This book is a translation from the original published under ISBN 978-620-2-00896-9.

Publisher:
Sciencia Scripts
is a trademark of
Dodo Books Indian Ocean Ltd. and OmniScriptum S.R.L publishing group

120 High Road, East Finchley, London, N2 9ED, United Kingdom
Str. Armeneasca 28/1, office 1, Chisinau MD-2012, Republic of Moldova, Europe
Printed at: see last page
ISBN: 978-620-7-66848-9

# Nova Química Moléculas contra pragas sugadoras do algodão transgénico Bt

**Por**
**Amit Gaurkhede**
**Sunil Bhalkare**

**Departamento de Entomologia,**
**Dr. Panjabrao Deshmukh Krishi Vidyapeeth, Akola- 444 104**
**(Estado de Maharashtra, Índia)**

**Amit Gaurkhede**
**Autor**

**Amit Gaurkhede**, que trabalha como professor, concluiu a sua licenciatura em Agricultura e a sua pós-graduação em Entomologia Agrícola. Publicou trabalhos de investigação em revistas especializadas.

**Dr. Sunil Bhalkare**
**Coautor**

O Dr. Sunil Bhalkare, que trabalha como Professor Assistente de Entomologia Agrícola no Departamento de Entomologia, Dr. Panjabrao Deshmukh Krishi Vidyapeeth, Akola (Estado de Maharashtra, Índia), é membro da "Society for Biocontrol Advancement", Bengaluru, com especialização em Gestão Integrada de Pragas e mais de 13 anos de experiência. Tem mais de 24 artigos de investigação publicados em revistas especializadas. Participou e apresentou o seu trabalho de investigação em muitas conferências nacionais e internacionais com o prémio "Outstanding Scientists".

# ÍNDICE DE CONTEÚDOS

# CAPÍTULO I
# INTRODUÇÃO

## Informações gerais

O algodão (*Gossipium hirsutumL.*) é a cultura de rendimento mais importante da Índia, pertencente à família Malvaceae. Muitas actividades conexas, como o descaroçamento, a produção de tecidos, a transformação têxtil, o fabrico de vestuário e a sua comercialização estão relacionadas com a produção de algodão. Estas empresas dão emprego a cerca de 6 milhões de pessoas. Fornece também 65% de matérias-primas à indústria têxtil e contribui com $1/3^{rd}$ do total das receitas em divisas da Índia (Mayee e Rao 2002). Por conseguinte, a cultura do algodão é conhecida como o "rei das fibras naturais" e é comummente designada por "ouro branco".

A produção mundial de algodão foi estimada em 118,95 milhões de fardos, com uma produtividade de 540 kg/ha em 2012-13. As principais perdas na produção de algodão devem-se à sua suscetibilidade a cerca de 162 espécies de pragas de insectos e a um certo número de doenças (Manjunath, 2004). Entre as pragas sugadoras, a cigarrinha, *Amrasca biguttula biguttula* (Ishida); os tripes, *Thrips tabaci* (Linn); os pulgões, *Aphis gossypii* (Glovar) e as moscas brancas, *Bemisia tabaci* (Genn) são as pragas importantes desde a fase de plântula e causam grandes perdas na ordem dos 21,20 a 22,86 por cento (Kulkarani *et al.*,2003).

Os produtores de algodão dependem de insecticidas sintéticos para combater as pragas sugadoras. O uso contínuo e indiscriminado de insecticidas sintéticos resultou no desenvolvimento de resistência a estes insecticidas, o que se reflectiu na fiabilidade da eficácia destes insecticidas (Rohini *et al.* 2011). Para ultrapassar este problema, é necessário testar novas moléculas químicas para obter um controlo eficaz destas pragas.

## Importância e necessidade do estudo

O algodão Bt é uma planta de algodão geneticamente modificada na qual são introduzidos genes de *Bacillus thuringenesis* (uma bactéria comum do solo) através de engenharia genética. Os insectos visados pelas proteínas da toxina foram as pragas de lepidópteros e não os insectos sugadores, que também causam danos substanciais no algodão e precisam de ser controlados através de insecticidas. Por conseguinte, o algodão Bt exige medidas de controlo das pragas sugadoras. (Khadi, 2003).

Na maioria dos casos, a utilização de pesticidas foi reduzida e, nalgumas situações, verificou-se um aumento significativo do rendimento e do lucro do algodão transgénico Bt. No entanto, devido à presença de pragas secundárias como pulgões, cigarrinhas, moscas brancas e tripes no algodão Bt, é necessária uma aplicação adicional de produtos químicos para controlar essas pragas não visadas. (O algodão Bt sofre perdas de rendimento devido aos insectos que se alimentam de seiva (cigarrinhas, afídeos, tripes, moscas brancas, cochonilhas, mirídeos e manchadores) que se propagam ao longo da estação de crescimento, desde a emergência das plântulas até à colheita, uma vez que o potencial biótico das pragas sugadoras é elevado, constituindo uma ameaça potencial para o algodão Bt.

A utilização indiscriminada de insecticidas contra as pragas sugadoras provocou um ressurgimento que causou estragos na cultura do algodão. Além disso, os insectos têm uma capacidade inata de desenvolver resistência aos insecticidas (Dhawan e Sidhu 1988).

Em contrapartida, o grupo mais recente de insecticidas, como os neonicotinóides e a piridincarboxamida, é necessário em pequenas quantidades para controlar os insectos nocivos e é considerado mais seguro para os inimigos naturais e o ambiente.

O dinotefurano é um inseticida relativamente novo que pertence à classe dos neonicotinóides. Os produtos com dinotefurano são rotulados de "risco reduzido" pela EPA, o que significa que têm uma toxicidade muito baixa e são geralmente mais seguros para os seres humanos e o ambiente.

O flonicamide é um novo inseticida pertencente à classe das piridincarboxamidas, que tem uma ação sistémica e translaminar nas plantas. A flonicamida não tem impacto negativo nos insectos benéficos. Além disso, o fipronil, que pertence ao grupo dos fenilpirazóis, o imidaclopride e o acetamipride, da classe dos neonicotinóides do grupo dos cloronicotinilos, são também considerados mais seguros para os inimigos naturais e o ambiente.

Tendo isto em mente, o presente estudo foi realizado para avaliar a eficácia dos novos insecticidas na gestão das principais pragas sugadoras do algodão Bt, com os seguintes objectivos

**Objectivos**

1)      Eficácia comparativa dos novos insecticidas contra as principais pragas sugadoras do algodão.

2)      Para descobrir o tratamento inseticida mais rentável.

3)      Avaliar o efeito de novas moléculas químicas nos inimigos naturais das pragas do algodão.

**Âmbito de aplicação**

Devido à proteção garantida contra os bollworms nos híbridos de algodão Bt, a área cultivada com algodão Bt está a aumentar de dia para dia, mas, ao mesmo tempo, os parasitas sugadores surgiram como uma grande ameaça para os produtores de algodão, causando grandes perdas de rendimento. Para proteger a cultura do ataque de parasitas sugadores, os agricultores dependem geralmente de produtos químicos que são perigosos para o ambiente. Nesta perspetiva, é possível utilizar as novas moléculas químicas que são comparativamente seguras para o ambiente e economicamente eficazes para o controlo de parasitas sugadores no ecossistema do algodão.

**Hipótese**

A incorporação de novas moléculas químicas rotuladas como de "Risco Reduzido" no programa de gestão integrada de pragas para as pragas sugadoras do algodão revelar-se-á economicamente eficaz com menos interferência na fauna natural.

# CAPÍTULO II
## MATERIAL E MÉTODOS

Foi realizada uma investigação sobre a eficácia comparativa dos novos insecticidas, com vista a encontrar as medidas de controlo mais económicas e eficazes para a gestão das principais pragas sugadoras do algodão transgénico Bt. A experiência foi realizada no campo do Departamento de Entomologia Agrícola, Dr. Panjabrao Deshmukh Krishi Vidyapeeth, Akola, durante a época de *colheita de* 2013-14.

O material necessário e os métodos adoptados no decurso dos inquéritos são descritos a seguir.

O quadro 1 apresenta pormenores sobre os insecticidas utilizados durante a experiência.

| Sr. no. | Common name of insecticides | Chemical name | Trade name | Formulation | Source of supply |
|---|---|---|---|---|---|
| 1 | Flonicamid | N-Cyanomethyl-4-(trifluoromethyl) nicotinamide | Ulala | 50WG | M/S United Phosphorus Ltd., Gujrat |
| 2 | Dinotefuron | (N-methyl- N' – nitro – N''-[(tetrahydro-3-furanil) methyl] guanidine) | Osheen | 20 SG | M/S P. I. industries Ltd., Udaipur, Rajasthan |
| 3 | Imidacloprid | 1- (6-chloro-3 pyridinyl methyl) N-nitro-Z-imidazolinimie | Confidor | 30.5 SC | M/S Bayer crop science Ltd., Mumbai |
| 4 | Acetamiprid | (E)- N[C-6-chloro 3- pyridylmethyl]-$N_2$ cyano-N-methyl-acetamidine | Pride | 20 SP | M/S Dow Agro sciences India pvt. Ltd., Mumbai |
| 5 | Fipronil | 5-amino-[2,6-dichlora-4-(trifluromethyl) phynyl]-4-[(C1R,S)-(trifluromethyl) sulfinyl] -1H-pyrazole-3-carbonitrile. | Regent | 5 SG | M/S Bayer crop science Ltd., Mumbai |

## 2.1    Material

### Pormenores da experiência realizada

### Tratamento experimental

1. Conceção da experiência — Desenho de blocos aleatórios (RBD)
2. Número de tratamentos — : Oito
3. Número de réplicas — :Três
4. Tamanho da parcela — :Bruto 6,30 m X 6,00 m

   Rede 4,50 m X 4,80 m
5. Espaçamento entre plantas — :90 cm X 60 cm
6. Espaçamento entre margens — a) Entre tratamentos - 0,60 m

   b) Entre réplicas -0,90 m
7. Variedade de algodão — RCH 2 BG II
8. Aplicação de fertilizantes — : 60:30:30 kg NPK por hectare
9. Data de sementeira — :27-06-2013

### Preparação e aplicação de spray inseticida

| Treatment no. | Insecticides | Concentration |
| --- | --- | --- |
| T1 | Flonicamid 50 WG | 0.01% |
| T2 | Flonicamid 50 WG | 0.02% |
| T3 | Dinotefuran 20 SG | 0.006% |
| T4 | Dinotefuran 20 SG | 0.008% |
| T5 | Imidacloprid 30.5 SC | 0.005% |
| T6 | Acetamiprid 20 SP | 0.004% |
| T7 | Fipronil 5 SC | 0.015% |
| T8 | Control ( Water spray) | -- |

A quantidade medida de inseticida foi adicionada a uma pequena quantidade de água e bem misturada com um bastão, sendo depois adicionada a quantidade restante de água limpa para obter a concentração desejada.

A concentração desejada da solução de pulverização foi preparada utilizando a fórmula,

$$V = \frac{C \times A}{\% \, a. \, i.}$$

Onde,

V= Volume de insecticidas comerciais em ml.

C= Concentração de pulverização necessária.

A= Quantidade de solução de pulverização necessária em ml.

%a. i.= Percentagem de ingrediente ativo no produto comercial.

A mistura inseticida para pulverização dos respectivos tratamentos foi sempre preparada no local da experiência, imediatamente antes da pulverização. As pulverizações foram efectuadas com um pulverizador de dorso. O pulverizador foi cuidadosamente limpo e novamente lavado com água fresca após cada tratamento; tomou-se cuidado para evitar a deriva nas parcelas circundantes no momento da pulverização. As pulverizações de tratamento foram efectuadas depois de se atingir o ETL pela população de afídeos. No total, foram efectuadas quatro aplicações com um intervalo de 12 dias.

## 2.2 Método de registo das observações

### Observações sobre a população de parasitas sugadores

Foram registadas observações periódicas sobre as contagens da população de ninfas de cigarrinhas, pulgões, tripes e ninfas e adultos de mosca branca em três folhas seleccionadas do topo, do meio e da base da copa de cinco plantas seleccionadas aleatoriamente por cada uma das parcelas da rede, para monitorizar a acumulação da população de pragas sugadoras para pulverizações eficazes.

As observações pós-tratamento da população de pragas sugadoras foram registadas aos 3, 7 e 10 dias após cada tratamento em três folhas de cinco plantas seleccionadas aleatoriamente por parcela para avaliar a eficácia dos diferentes tratamentos contra estas pragas.

## Observações sobre os inimigos naturais

As observações sobre predadores como larvas de crisopa, escaravelhos e aranhas foram registadas em 5 plantas seleccionadas aleatoriamente de cada parcela da rede, com base na planta inteira, aos 3, 7 e 10 dias após a pulverização de cada tratamento, para avaliar o efeito dos diferentes tratamentos nos inimigos naturais das pragas do algodão.

## Rendimento do algodão em caroço

Foi registado o rendimento do algodão em caroço obtido em cada colheita de cada parcela da rede. No total, foram efectuadas três colheitas e calculou-se o rendimento total. O rendimento do algodão em caroço em q/ha também foi calculado para comparar o efeito dos diferentes tratamentos.

## 2.3 Análise estatística

De acordo com Gomez e Gomez (1984), os dados obtidos na experiência de campo foram convertidos em transformações apropriadas e submetidos a análise estatística para testar o nível de significância. Os dados de rendimento também foram analisados estatisticamente para comparar o efeito de diferentes tratamentos com insecticidas.

No final, foi calculada a "relação custo-benefício incremental" com base no rendimento total do algodão em rúpias, no custo dos tratamentos, nos encargos de mão de obra e no custo de aplicação, de acordo com as taxas de mercado em vigor durante o período de experimentação, a fim de desenvolver um tratamento rentável contra as pragas sugadoras do algodão.

## 2.4 Dados meteorológicos

Os dados meteorológicos semanais sobre a temperatura máxima e mínima, a humidade relativa, a precipitação, os dias de chuva e as horas de sol, durante a época agrícola de 2013-14, registados no Observatório Meteorológico Agrícola, Dr. PDKV, Akola, são apresentados no Anexo I.

# CAPÍTULO III
## RESULTADOS E DISCUSSÃO

A eficácia no terreno dos insecticidas, nomeadamente flonicamida 50 WG, dinotefurão 20 SG, imidaclopride 30,5 SC, acetamipride 20 SP e fipronil 5 SC através de pulverizações foliares, foi avaliada contra pulgões, cigarrinhas, tripes e mosca branca no algodão transgénico Bt no Departamento de Entomologia Agrícola, Dr. PDKV Akola, durante 2013-14. As observações sobre a população de pulgões, cigarrinhas, tripes e moscas brancas foram registadas aos 3, 7 e 10 dias após cada pulverização de tratamento para avaliar o efeito dos diferentes tratamentos. Os dados obtidos durante a presente investigação foram submetidos a uma análise estatística, seguindo procedimentos normalizados, e discutidos da seguinte forma.

### 3.1. Efeito de vários tratamentos na população de afídeos após as pulverizações.

### Três dias após a primeira pulverização

Os dados apresentados no quadro 2 revelam que o flonicamide 0,02%, o dinotefurão 0,008%, o imidaclopride 0,005%, o fipronil 0,015% e o flonicamide 0,01% foram os tratamentos mais eficazes na redução da população de afídeos aos três dias após a primeira pulverização, registando 2,78, 3,24, 3,35 e 3,82 afídeos por folha, respetivamente, e estavam ao mesmo nível. Os tratamentos seguintes, acetamipride 0,004% (4,11 pulgões/folha) e dinotefurano 0,006% (4,36 pulgões/folha), foram estatisticamente igualmente eficazes contra os pulgões.

### Sete dias após a primeira pulverização

As observações relativas à população de pulgões, sete dias após a primeira pulverização, apresentadas no Quadro 2, revelaram que todos os tratamentos foram superiores ao controlo na minimização da população de pulgões. Entre os vários tratamentos, o flonicamid 0,02% registou uma população mínima de pulgões de 3,00 pulgões por folha. No entanto, este tratamento foi encontrado a par com imidaclopride 0,005% (3,49 pulgões/folha), dinotefurano 0,008% (3,67 pulgões/folha), fipronil 0,015% (3,73 pulgões/folha), acetamipride 0,004% (3,86 pulgões/folha), e flonicamide 0,01%

3,82 (4,38 pulgões/folha). No entanto, estes últimos tratamentos foram, por sua vez, equiparados ao dinotefurano 0,006%, que registou 4,56 pulgões por folha e provou ser superior ao controlo.

## Quadro 2: Efeito dos vários tratamentos na população de afídeos após a primeira pulverização

| Tr. No. | Treatments | Conc. | Average population of aphids (No / leaf) at | | | Mean |
|---|---|---|---|---|---|---|
| | | | 3 DAT | 7 DAT | 10 DAT | |
| 1 | Flonicamid 50 WG | 0.01% | 3.82 (1.95) | 4.38 (2.09) | 4.64 (2.15) | 4.28 (2.06) |
| 2 | Flonicamid 50 WG | 0.02% | 2.78 (1.66) | 3.00 (1.73) | 3.09 (1.75) | 2.96 (1.71) |
| 3 | Dinotefuran 20 SG | 0.006% | 4.36 (2.08) | 4.56 (2.13) | 4.49 (2.12) | 4.47 (2.11) |
| 4 | Dinotefuran 20 SG | 0.008% | 3.24 (1.79) | 3.67 (1.91) | 3.60 (1.90) | 3.50 (1.87) |
| 5 | Imidacloprid 30.5 SC | 0.005% | 3.35 (1.82) | 3.49 (1.87) | 3.71 (1.92) | 3.52 (1.87) |
| 6 | Acetamiprid 20 SP | 0.004% | 4.11 (2.03) | 3.86 (1.96) | 4.06 (2.01) | 4.01 (2.00) |
| 7 | Fipronil 5 SC | 0.015% | 3.51 (1.87) | 3.73 (1.93) | 3.95 (1.99) | 3.73 (1.93) |
| 8 | Control (Water spray). | - | 10.82 (3.26) | 10.96 (3.28) | 11.08 (3.29) | 10.95 (3.28) |
| | F test | | Sig | Sig | Sig | Sig |
| | SE (m)± | | 0.10 | 0.12 | 0.12 | 0.11 |
| | CD at 5% | | 0.31 | 0.37 | 0.37 | 0.35 |
| | CV % | | 9.15 | 10.59 | 10.36 | 10.03 |

**Nota:** Os números entre parêntesis correspondem ao valor da transformação da raiz quadrada correspondente

## Dez dias após a primeira pulverização

É evidente a partir dos dados apresentados no Quadro 2 que, no caso da população de pulgões, dez dias após a primeira pulverização, todos os tratamentos foram significativamente eficazes do que o controlo. Registou-se uma população mínima de pulgões por folha de 3,09 na parcela pulverizada com flonicamida 0,02%, um tratamento que foi igual ao dinotefurano 0,008% (3.60 pulgões/folha), imidaclopride 0,005% (3,71 pulgões/folha), fipronil 0,015% (3,95 pulgões/folha), acetamipride 0,004%

(4,06 pulgões/folha) e dinotefurano 0,006% (4,49 pulgões/folha). Estes últimos tratamentos, no entanto, foram estatisticamente iguais ao flonicamide 0,01% (4,64 pulgões/folha).

## Média da primeira pulverização

Os dados apresentados no quadro 2 foram significativos. Entre os vários tratamentos, o flonicamid 0,02% registou uma população mínima de pulgões (2,96 pulgões/folha), seguido do dinotefuran 0,008 (3,50 pulgões/folha), imidacloprid 0.005% (3,52 pulgões/folha), fipronil 0,015% (3,73 pulgões/folha), acetamipride 0,004% (4,01 pulgões/folha) e flonicamide 0,01% (4,28 pulgões/folha), que foram iguais entre si. Os últimos tratamentos também foram encontrados a par com dinotefurano 0,006% (4,47 pulgões/folha).

## Três dias após a segunda pulverização

Os dados apresentados no quadro 3 relativos à população de pulgões, registados três dias após a segunda pulverização, foram significativos. Entre os vários tratamentos, o flonicamid 0,02% registou uma população mínima de pragas (2,84 pulgões/folha). Este tratamento foi encontrado a par com dinotefuran 0,008% (3,20 pulgões/folha), imidacloprid 0,005% (3,31 pulgões/folha), fipronil 0,015% (3,44 pulgões/folha), acetamiprid 0,004% (3,76 pulgões/folha) e flonicamid 0,01% (4,05 pulgões/folha). O tratamento com dinotefurano 0,006% registou 4,31 pulgões por folha e foi considerado significativamente promissor em relação ao controlo.

## Sete dias após a segunda pulverização

Os resultados tabulados no Quadro 3 revelaram que todos os tratamentos foram significativamente eficazes do que o controlo na redução da população de pulgões sete dias após a segunda pulverização. A aplicação de flonicamid 0,02% mostrou uma população mínima de pulgões de 2,96 pulgões por folha e foi igual ao dinotefuran 0,008% (3,36 pulgões/folha), imidaclopride 0,005% (3,49 pulgões/folha), fipronil 0,015% (3,62 pulgões/folha), acetamipride 0,004% (3,91 pulgões/folha) e flonicamida 0,01% (4,20 pulgões/folha). No entanto, estes últimos tratamentos foram, por sua vez, iguais ao dinotefurano 0,006% (4,44 pulgões/folha).

## Quadro 3: Efeito dos vários tratamentos na população de afídeos após a segunda pulverização

| Tr. No. | Treatments | Conc. | Average population of aphid (No / leaf) at | | | Mean |
|---|---|---|---|---|---|---|
| | | | 3 DAT | 7 DAT | 10 DAT | |
| 1 | Flonicamid 50 WG | 0.01% | 4.05 (2.01) | 4.20 (2.05) | 4.33 (2.08) | 4.19 (2.05) |
| 2 | Flonicamid 50 WG | 0.02% | 2.84 (1.68) | 2.96 (1.71) | 3.13 (1.77) | 2.98 (1.72) |
| 3 | Dinotefuran 20 SG | 0.006% | 4.31 (2.07) | 4.44 (2.11) | 4.58 (2.14) | 4.44 (2.11) |
| 4 | Dinotefuran 20 SG | 0.008% | 3.20 (1.79) | 3.36 (1.83) | 3.51 (1.87) | 3.36 (1.83) |
| 5 | Imidacloprid 30.5 SC | 0.005% | 3.31 (1.81) | 3.49 (1.87) | 3.65 (1.91) | 3.48 (1.86) |
| 6 | Acetamiprid 20 SP | 0.004% | 3.76 (1.94) | 3.91 (1.97) | 4.07 (2.01) | 3.91 (1.97) |
| 7 | Fipronil 5 SC | 0.015% | 3.44 (1.85) | 3.62 (1.90) | 3.87 (1.96) | 3.64 (1.90) |
| 8 | Control (Water spray). | - | 11.02 (3.28) | 9.99 (3.13) | 7.86 (2.76) | 9.62 (3.06) |
| | F test | | Sig | Sig | Sig | Sig |
| | SE (m)± | | 0.12 | 0.13 | 0.12 | 0.12 |
| | CD at 5% | | 0.36 | 0.39 | 0.35 | 0.37 |
| | CV % | | 10.62 | 11.18 | 10.31 | 10.70 |

**Nota:** Os números entre parêntesis correspondem ao valor da transformação da raiz quadrada correspondente

## Dez dias após a segunda pulverização

Os dados sobre o efeito da pulverização de insecticidas na população de afídeos 10 dias após a pulverização são apresentados no quadro 3. É evidente que todos os tratamentos insecticidas foram significativamente superiores ao controlo não tratado na redução da população de afídeos. Entre os vários tratamentos, o flonicamid 0,02% registou a população mínima de pulgões (3,13 pulgões/folha), o que foi encontrado a par do dinotefuran 0,008% (3.51 pulgões/folha), imidaclopride 0,005% (3,65 pulgões/folha), fipronil 0,015% (3,87 pulgões/folha), acetamipride 0,004% (4,07 pulgões/folha) e flonicamide 0,01% (4,33 pulgões/folha). No entanto, estes últimos tratamentos também foram iguais ao dinotefurano 0,006% (4,58 pulgões/folha).

## Média da segunda pulverização

Os resultados apresentados no quadro 3 indicam que todos os tratamentos foram significativamente mais eficazes do que a testemunha no controlo da população de afídeos. Entre os vários tratamentos, o flonicamid 0,02% apresentou uma população mínima de pulgões (2,98 pulgões/folha) e foi considerado igual ao dinotefuran 0,008% (3.36 pulgões/folha), imidaclopride 0,005% (3,48 pulgões/folha), fipronil 0,015% (3,64 pulgões/folha), acetamipride 0,004% (3,91 pulgões/folha) e flonicamida 0,01% (4,19 pulgões/folha). Enquanto que o tratamento com dinotefurão 0,006% registou 4,44 moscas brancas por folha e revelou-se superior à testemunha.

## Três dias após a terceira pulverização

Os dados apresentados no quadro 4 relativos à população de afídeos, três dias após a terceira pulverização, foram significativos, mostrando a sua eficácia em relação à testemunha. Entre os vários tratamentos, flonicamid 0,02%, dinotefuran 0,008% e imidacloprid 0,005% foram estatisticamente iguais e mais eficazes, apresentando 1,11, 1,20 e 1,73 pulgões por folha.O próximo grupo de tratamentos eficazes foi a aplicação de flonicamida 0,01% (1,89 pulgões/folha), fipronil 0,015% (1,96 pulgões/folha), acetamipride 0,004% (2,00 pulgões/folha) e dinotefurano 0,006% (2,11 pulgões/folha). Estes quatro tratamentos foram iguais entre si.

## Sete dias após a terceira pulverização

O resultado tabulado no Quadro 4 revelou que todos os tratamentos foram significativamente eficazes do que o controlo na redução da população de pulgões sete dias após a terceira pulverização. A aplicação de flonicamid 0,02% e dinotefuran 0,008% revelou-se mais eficaz, registando uma população mínima de pulgões (1,18 e 1,29 pulgões por folha, respetivamente). No entanto, o tratamento com dinotefurão 0,008% foi, por sua vez, equiparado ao imidaclopride 0,005% (1,89 pulgões/folha) e ao fipronil 0,015% (1,99 pulgões/folha). Os melhores tratamentos seguintes foram o flonicamide 0,01%, o acetamipride 0,004% e o dinotefurão 0,006%, que registaram 2,02, 2,07 e 2,20 pulgões por folha, respetivamente, e que foram equiparados entre si.

# Quadro 4: Efeito dos vários tratamentos na população de afídeos após a terceira pulverização

| Tr. No. | Treatments | Conc. | Average population of aphid (No / leaf) at | | | Mean |
|---|---|---|---|---|---|---|
| | | | 3 DAT | 7 DAT | 10 DAT | |
| 1 | Flonicamid 50 WG | 0.01% | 1.89 (1.37) | 2.02 (1.42) | 2.31 (1.52) | 2.07 (1.44) |
| 2 | Flonicamid 50 WG | 0.02% | 1.11 (1.04) | 1.18 (1.08) | 1.53 (1.23) | 1.27 (1.12) |
| 3 | Dinotefuran 20 SG | 0.006% | 2.11 (1.44) | 2.20 (1.47) | 2.42 (1.55) | 2.24 (1.49) |
| 4 | Dinotefuran 20 SG | 0.008% | 1.20 (1.09) | 1.29 (1.13) | 1.62 (1.27) | 1.37 (1.16) |
| 5 | Imidacloprid 30.5 SC | 0.005% | 1.73 (1.31) | 1.89 (1.37) | 2.15 (1.46) | 1.92 (1.38) |
| 6 | Acetamiprid 20 SP | 0.004% | 2.00 (1.41) | 2.07 (1.43) | 2.58 (1.60) | 2.22 (1.48) |
| 7 | Fipronil 5 SC | 0.015% | 1.96 (1.39) | 1.99 (1.41) | 2.42 (1.56) | 2.12 (1.45) |
| 8 | Control (Water spray). | - | 6.48 (2.52) | 5.72 (2.38) | 5.37 (2.30) | 5.86 (2.40) |
| | F test | | Sig | Sig | Sig | Sig |
| | SE (m)± | | 0.09 | 0.09 | 0.09 | 0.09 |
| | CD at 5% | | 0.28 | 0.28 | 0.27 | 0.28 |
| | CV % | | 11.54 | 11.22 | 10.05 | 10.94 |

**Nota:** Os números entre parêntesis correspondem ao valor da transformação da raiz quadrada correspondente

## Dez dias após a terceira pulverização

Os dados apresentados no quadro 4 revelam que o flonicamide 0,01% registou uma população mínima de pulgões (1,53 pulgões/folha) aos dez dias após a terceira pulverização. Este tratamento foi igual ao dinotefurão 0,008% (1,62 pulgões/folha) e ao imidaclopride 0,005% (2,15 pulgões/folha). Estes últimos tratamentos foram, por sua vez, iguais ao flonicamide 0,01% (2,31 pulgões/folha). No entanto, os tratamentos com imidaclopride 0,005% e flonicamide 0,01% foram, por sua vez, equiparados a dinotefurão 0,006% (2,42 pulgões/folha), fipronil 0,015% (2,42 pulgões/folha) e acetamipride 0,004% (2,58 pulgões/folha).

## Média da terceira pulverização

Os dados do quadro 4 sobre a população de pulgões indicam que todos os tratamentos foram significativamente superiores ao controlo na redução da população de pulgões.

Entre os vários tratamentos, o flonicamid 0,02%, o dinotefuran 0,008% e o imidacloprid 0,005% foram os mais superiores, registando 1,27, 1,37 e 1,92 pulgões por folha, respetivamente. Em seguida, os tratamentos com flonicamid 0,01%, fipronil 0,015%, acetamiprid 0,004% e dinotefuran 0,006% foram considerados eficazes, mostrando uma população de pulgões entre 2,07 e 2,24 pulgões por folha, e foram iguais entre si.

## Três dias após a quarta pulverização

Os dados apresentados no quadro 5 indicam que todos os tratamentos foram significativamente eficazes na supressão da população de pulgões em comparação com a testemunha não tratada. Entre os vários tratamentos, o flonicamide 0,02% registou uma população mínima de pulgões (1,73 pulgões/folha) e foi encontrado a par do dinotefurão 0,008% (1,82 pulgões/folha), imidaclopride 0,005% (2,38 pulgões/folha), fipronil 0,015% (2,53 pulgões/folha) e flonicamide 0,01% (2,67 pulgões/folha). Estes últimos tratamentos foram, por sua vez, equiparados ao acetamipride 0,004% (2,71 pulgões/folha) e ao dinotefurão 0,006% (2,78 pulgões/folha).

## Sete dias após a quarta pulverização

Os dados apresentados no quadro 5 mostram que todos os tratamentos foram significativamente superiores ao controlo na redução da população de pulgões. Entre os vários tratamentos, a aplicação de flonicamida a 0,02% registou uma população mínima de 1,47 pulgões por folha e foi equiparada a dinotefurão a 0,008% (1,56 pulgões/folha), imidaclopride a 0,005% (2,06 pulgões/folha), fipronil a 0,015% (2,26 pulgões/folha) e acetamipride a 0,004% (2,29 pulgões/folha).Os outros tratamentos mostraram a sua eficácia a este respeito pela seguinte ordem: flonicamida 0,01% (2,33 pulgões/folha) e dinotefurano 0,006% (2,44 pulgões/folha), estando estes dois tratamentos ao mesmo nível.

## Dez dias após a quarta pulverização

Os resultados apresentados no quadro 5 indicam que todos os tratamentos insecticidas foram significativamente superiores à testemunha não tratada, registando um número mínimo de afídeos na cultura do algodão. Entre os vários tratamentos, o flonicamid0,02% e o dinotefuran 0,008% foram considerados os melhores, com 1,27 e 1,40 pulgões por folha, respetivamente. Estes dois tratamentos estavam a par um do outro. O tratamento com imidaclopride 0,005%, por sua vez, também foi considerado igual ao tratamento com flonicamide 0,01% (2,18 pulgões/folha).01% (2,18 pulgões/folha), dinotefurano 0,006% (2,20 pulgões/folha), fipronil 0,015% (2,22 pulgões/folha) e acetamipride 0,004% (2,31 pulgões/folha).

## Média da quarta pulverização

Os dados apresentados no Quadro 5 indicam que todos os tratamentos foram significativamente superiores ao controlo na redução da população de afídeos. Entre eles, o flonicamid 0,02%, o dinotefuran 0,008% e o imidacloprid 0,005% foram os melhores tratamentos, com uma população mínima de pulgões de 1,49, 1,59 e 2,14 pulgões por folha, respetivamente, e foram iguais entre si. Os próximos melhores tratamentos foram com fipronil 0,015% (2,34 pulgões/folha), flonicamid 0,01% (2,39 pulgões/folha), acetamiprid 0,004% (2,44 pulgões/folha) e dinotefuran 0,006% (2,47 pulgões/folha) e foram estatisticamente iguais e significativamente melhores do que o controlo (5,68 pulgões/folha).

## Quadro 5 : Efeito dos vários tratamentos na população de afídeos após a quarta pulverização

| Tr. No. | Treatments | Conc. | Average population of aphid (No / leaf) at | | | Mean |
|---|---|---|---|---|---|---|
| | | | 3 DAT | 7 DAT | 10 DAT | |
| 1 | Flonicamid 50 WG | 0.01% | 2.67 (1.63) | 2.33 (1.52) | 2.18 (1.47) | 2.39 (1.54) |
| 2 | Flonicamid 50 WG | 0.02% | 1.73 (1.30) | 1.47 (1.20) | 1.27 (1.12) | 1.49 (1.21) |
| 3 | Dinotefuran 20 SG | 0.006% | 2.78 (1.66) | 2.44 (1.56) | 2.20 (1.48) | 2.47 (1.57) |
| 4 | Dinotefuran 20 SG | 0.008% | 1.82 (1.35) | 1.56 (1.24) | 1.40 (1.18) | 1.59 (1.26) |
| 5 | Imidacloprid 30.5 SC | 0.005% | 2.38 (1.54) | 2.06 (1.43) | 1.98 (1.40) | 2.14 (1.46) |
| 6 | Acetamiprid 20 SP | 0.004% | 2.71 (1.65) | 2.29 (1.51) | 2.31 (1.51) | 2.44 (1.56) |
| 7 | Fipronil 5 SC | 0.015% | 2.53 (1.59) | 2.26 (1.50) | 2.22 (1.49) | 2.34 (1.53) |
| 8 | Control (Water spray). | - | 5.48 (2.30) | 5.75 (2.37) | 5.80 (2.39) | 5.68 (2.35) |
| | F test | | Sig | Sig | Sig | Sig |
| | SE (m)± | | 0.11 | 0.10 | 0.08 | 0.10 |
| | CD at 5% | | 0.33 | 0.31 | 0.25 | 0.30 |
| | CV % | | 12.23 | 12.20 | 10.01 | 11.48 |

**Nota:** Os números entre parêntesis correspondem ao valor da transformação da raiz quadrada correspondente

## 3.2. Efeito de vários tratamentos na população de cigarrinhas após as pulverizações. Três dias após a primeira pulverização

Os dados apresentados no quadro 6 relativos à população de cigarrinhas, três dias após a primeira pulverização, foram significativos, mostrando a sua eficácia em relação à testemunha. Entre os vários tratamentos, a aplicação de dinotefurano 0,008% registou a população mais baixa (0,42 cigarrinhas/folha) e foi igual à do dinotefurano 0,006% (0,46 cigarrinhas/folha), acetamipride 0,004%, fipronil 0,015% e imidaclopride 0,005%, que registaram 0,51 cigarrinhas por folha. Por outro lado, a parcela tratada com flonicamida 0,02% registou 0,75 cigarrinhas por folha, o que é semelhante ao flonicamida 0,01% (0,91 cigarrinhas/folha) em comparação com a parcela de controlo (2,20 cigarrinhas/folha).

## Sete dias após a primeira pulverização

Os dados apresentados no quadro 6 revelam que todos os tratamentos foram significativamente superiores ao controlo na redução da população de cigarrinhas sete dias após a primeira pulverização. No entanto, foi registada uma população mínima (0,73 cigarrinhas/folha) na parcela tratada com dinotefurão 0,008%, que foi igual à do dinotefurão 0,006% (0,82 cigarrinhas/folha), fipronil 0,015% (0,89 cigarrinhas/folha) e imidaclopride 0,005% (1,00 cigarrinhas/folha). Em seguida, os tratamentos com acetamipride 0,004% (1,01 cigarrinhas/folha), flonicamide 0,02% (1,20 cigarrinhas/folha) e flonicamide 0,01% (1,33 cigarrinhas/folha) foram eficazes na redução da população de cigarrinhas e foram iguais entre si.

## Dez dias após a primeira pulverização

Os dados do Quadro 6 sobre a população de cigarrinhas dez dias após a primeira pulverização indicam que o dinotefurano 0,008% registou uma população mínima de cigarrinhas (1,44 cigarrinhas/folha) e ficou a par do dinotefurano 0,006% (1,55 cigarrinhas/folha), fipronil 0,015% (1,69 cigarrinhas/folha) e acetamipride 0,004% (1,71 cigarrinhas/folha). Enquanto que o tratamento imidaclopride 0,005% (2,04 cigarrinhas/folha) foi o próximo melhor tratamento na redução da população de cigarrinhas e que estava a par com flonicamid 0,02% (2,11 cigarrinhas/folha) e flonicamid 0,01% (2,40 cigarrinhas/folha), o último tratamento também estava a par com o controlo (3,00 cigarrinhas/folha).

## Média da primeira pulverização

O resultado tabulado no Quadro 6 foi significativo, entre os vários tratamentos, o dinotefurano 0,008% registou uma população mínima de cigarrinhas (0,86 cigarrinhas/folha), que foi encontrada a par do dinotefurano0.006% (0,94 cigarrinhas/folha), fipronil 0,015% (1,03 cigarrinhas/folha), acetamipride 0,004% (1,08 cigarrinhas/folha) e imidaclopride 0,005% (1,18 cigarrinhas/folha). Os tratamentos com flonicamida 0,02 e 0,01 por cento apresentaram 1,35 e 1,55 cigarrinhas por folha, respetivamente, que foram iguais entre si.

## Quadro 6: Efeito de vários tratamentos na população de cigarrinhas após a primeira pulverização.

| Tr. No. | Treatments | Conc. % | Average population of leafhoppers (No / leaf) at | | | Mean |
|---|---|---|---|---|---|---|
| | | | 3 DAT | 7 DAT | 10 DAT | |
| 1 | Flonicamid 50 WG | 0.01% | 0.91 (0.95) | 1.33 (1.15) | 2.40 (1.54) | 1.55 (1.21) |
| 2 | Flonicamid 50 WG | 0.02% | 0.75 (0.86) | 1.20 (1.09) | 2.11 (1.45) | 1.35 (1.13) |
| 3 | Dinotefuran 20 SG | 0.006% | 0.46 (0.67) | 0.82 (0.90) | 1.55 (1.24) | 0.94 (0.94) |
| 4 | Dinotefuran 20 SG | 0.008% | 0.42 (0.63) | 0.73 (0.85) | 1.44 (1.19) | 0.86 (0.89) |
| 5 | Imidacloprid 30.5 SC | 0.005% | 0.51 (0.71) | 1.00 (1.00) | 2.04 (1.42) | 1.18 (1.04) |
| 6 | Acetamiprid 20 SP | 0.004% | 0.51 (0.70) | 1.02 (1.01) | 1.71 (1.30) | 1.08 (1.00) |
| 7 | Fipronil 5 SC | 0.015% | 0.51 (0.70) | 0.89 (0.94) | 1.69 (1.29) | 1.03 (0.98) |
| 8 | Control (Water spray). | - | 2.20 (1.48) | 2.31 (1.52) | 3.00 (1.71) | 2.50 (1.57) |
| | F test SE (m)± CD at 5% CV % | | Sig 0.06 0.19 12.78 | Sig 0.04 0.15 8.14 | Sig 0.06 0.18 7.64 | Sig 0.06 0.18 9.52 |

**Nota:** Os números entre parêntesis correspondem ao valor da transformação da raiz quadrada correspondente

## Três dias após a segunda pulverização

Os dados apresentados no quadro 7 indicam que todos os tratamentos foram significativamente superiores ao controlo na redução da população de cigarrinhas. Entre os vários tratamentos, o dinotefurano 0,008% registou uma população mínima (0,42 cigarrinhas/folha), mas foi estatisticamente igual aos tratamentos de dinotefurano 0.006% (0,47 cigarrinhas/folha), fipronil 0,015% (0,49 cigarrinhas/folha), acetamipride 0,004% (0,51 cigarrinhas/folha), imidaclopride 0,005% (0,53 cigarrinhas/folha) e flonicamide 0,02% (O último tratamento foi, no entanto, estatisticamente igual ao flonicamid 0,01% (0,87 cigarrinhas/folha). O número máximo de cigarrinhas foi registado na parcela de controlo.

## Sete dias após a segunda pulverização

Os dados apresentados no Quadro 7 revelam que foi observada uma população mínima de cigarrinhas (0,80 cigarrinhas/folha) na parcela tratada com dinotefurão 0,008%. Este tratamento, por sua vez, foi encontrado a par com dinotefuran 0.006% (0.89 cigarrinhas/folha), fipronil 0.015% (1.00 cigarrinhas/folha), acetamiprid 0.004% (1.04 cigarrinhas/folha), imidacloprid 0.005% (1.11 cigarrinhas/folha) e flonicamid 0.02% (1.16 cigarrinhas/folha). No entanto, os dois últimos tratamentos também foram iguais ao flonicamid 0,01% (1,49 cigarrinhas/folha), mas significativamente superiores ao controlo não tratado (4,31 cigarrinhas/folha).

## Dez dias após a segunda pulverização

Os dados apresentados no Quadro 7 foram significativos. Entre os vários tratamentos, o dinotefurão 0,008% registou uma população mínima de cigarrinhas (1,51 cigarrinhas/folha), seguido do dinotefurão 0,006% (1,67 cigarrinhas/folha), fironil 0,015% (1.87 cigarrinhas/folha), acetamipride 0,004% (1,93 cigarrinhas/folha), imidaclopride 0,005% (1,98 cigarrinhas/folha) e flonicamide 0,02% (2,02 cigarrinhas/folha), que foram iguais entre si. Os últimos tratamentos também foram considerados iguais ao flonicamid 0,01% (2,42 cigarrinhas/folha).

## Média da segunda pulverização

Os dados apresentados no Quadro 7 revelam que todos os tratamentos foram significativamente eficazes na supressão da população de cigarrinhas em comparação com o controlo não tratado. Entre os vários tratamentos, a aplicação de dinotefurano 0,008% registou uma população mínima de pragas (0,91 cigarrinhas/folha) e foi igual à de dinotefurano 0,006% (1.01 cigarrinhas/folha), fipronil 0,015% (1,12 cigarrinhas/folha), acetamipride 0,004% (1,16 cigarrinhas/folha), imidaclopride 0,005% (1,21 cigarrinhas/folha) e flonicamide 0,02% (1,28 cigarrinhas/folha). No entanto, os últimos quatro tratamentos, por sua vez, foram considerados iguais ao flonicamid 0,01% (1,59 cigarrinhas/folha).

**Table7: Efeito de vários tratamentos na população de cigarrinhas após a segunda pulverização.**

| Tr. No. | Treatments | Conc. | Average population of leafhoppers (No / leaf) at | | | Mean |
|---|---|---|---|---|---|---|
| | | | 3 DAT | 7 DAT | 10 DAT | |
| 1 | Flonicamid 50 WG | 0.01% | 0.87 (0.93) | 1.49 (1.22) | 2.42 (1.56) | 1.59 (1.24) |
| 2 | Flonicamid 50 WG | 0.02% | 0.67 (0.81) | - 1.16 (1.07) | 2.02 (1.42) | 1.28 (1.10) |
| 3 | Dinotefuran 20SG | 0.006% | 0.47 (0.68) | 0.89 (0.93) | 1.67 (1.29) | 1.01 (0.97) |
| 4 | Dinotefuran 20SG | 0.008% | 0.42 (0.64) | 0.80 (0.89) | 1.51 (1.22) | 0.91 (0.92) |
| 5 | Imidacloprid 30.5 SC | 0.005% | 0.53 (0.72) | 1.11 (1.05) | 1.98 (1.40) | 1.21 (1.06) |
| 6 | Acetamiprid 20 SP | 0.004% | 0.51 (0.70) | 1.04 (1.01) | 1.93 (1.39) | 1.16 (1.03) |
| 7 | Fipronil 5 SC | 0.015% | 0.49 (0.69) | 1.00 (1.00) | 1.87 (1.36) | 1.12 (1.02) |
| 8 | Control (Water spray). | - | 3.14 (1.76) | 4.31 (2.07) | 4.8 (2.16) | 4.08 (2.00) |
| | F test | | Sig. | Sig. | Sig. | Sig. |
| | SE (m)± | | 0.06 | 0.06 | 0.09 | 0.07 |
| | CD at 5% | | 0.20 | 0.18 | 0.27 | 0.22 |
| | CV % | | 13.49 | 9.37 | 11.12 | 11.33 |

**Nota**: Os números entre parêntesis correspondem ao valor da transformação da raiz quadrada correspondente

## Três dias após a terceira pulverização

O quadro 8 mostra que a população mínima de cigarrinhas, ou seja, 0,42 cigarrinhas por folha, foi observada com dinotefurano 0,008% e foi igual a dinotefurano 0,006% (0.49 cigarrinhas/folha), fipronil 0.015% (0.51 cigarrinhas/folha), flonicamid 0.02% (0.55 cigarrinhas/folha), imidacloprid0.005% (0.57 cigarrinhas/folha) e acetamiprid 0.004% (0.58 cigarrinhas/folha). No entanto, os últimos quatro tratamentos também foram iguais ao flonicamide 0,01% (0,91 cigarrinhas/folha) e estes tratamentos parecem ser significativamente promissores em relação ao controlo.

## Sete dias após a terceira pulverização

O resultado tabulado no Quadro 8 revelou que todos os tratamentos foram significativamente eficazes do que o controlo na redução da população de cigarrinhas sete dias após a terceira pulverização. A aplicação de dinotefuran 0,008% provou ser o tratamento eficaz, mostrando um número mínimo de ninfas de cigarrinhas (0,69 cigarrinhas/folha) e foi encontrado a par com dinotefuran 0,006% (0.82 cigarrinhas/folha), fipronil 0,015% (0,85 cigarrinhas/folha), acetamipride 0,004% (0,91 cigarrinhas/folha), flonicamide 0,02% (0,96 cigarrinhas/folha) e imidaclopride 0,005% (1,02 cigarrinhas/folha). Os três últimos tratamentos também foram iguais ao flonicamid 0,01% (1,36 cigarrinhas/folha). A redução mínima da população da praga foi observada no controlo não tratado.

## Dez dias após a terceira pulverização

É evidente no quadro 8 que todos os tratamentos foram significativamente eficazes, em comparação com a testemunha, na redução da população de ninfas de cigarrinhas, dez dias após a terceira pulverização. Entre os tratamentos, o dinotefurano 0,008% registou uma população mínima de cigarrinhas (0,78 cigarrinhas/folha). Este tratamento foi considerado estatisticamente igual ao dinotefurano 0,006% (0,93 cigarrinhas/folha), ao fipronil 0,015% (1,11 cigarrinhas/folha) e ao acetamipride 0,004% (1,18 cigarrinhas/folha). No entanto, os três últimos tratamentos também foram iguais ao flonicamid 0,02% (1,27 cigarrinhas/folha). Em seguida, os tratamentos com imidacloprid 0,005% e flonicamid 0,01% foram estatisticamente iguais, registando 2,00 e 2,22 cigarrinhas por folha, respetivamente, embora tenham sido significativamente melhores do que o controlo (6,30 cigarrinhas/folha).

## Média da terceira pulverização

Pode ver-se a partir dos dados sobre a população média no Quadro 8 que todos os tratamentos foram significativamente superiores ao controlo na verificação da população de cigarrinhas. A população mínima de cigarrinhas foi registada com dinotefurano 0,008% (0,63 cigarrinhas/folha). No entanto, este tratamento foi encontrado a par com dinotefuran 0,006% (0,75 cigarrinhas/folha), fipronil 0,015% (0,82 cigarrinhas/folha), acetamipride 0,004% (0,89 cigarrinhas/folha) e flonicamide 0,02% (0,93 cigarrinhas/folha). O melhor tratamento seguinte, imidaclopride 0,005% (1,20 cigarrinhas/folha), foi igual ao flonicamide 0,01% (1,50 cigarrinhas/folha). A população máxima de pragas (5,76 cigarrinhas/folha) foi observada no controlo não tratado.

**Table 8:** Efeito de vários tratamentos na população de cigarrinhas após a terceira pulverização

| Tr. No. | Treatments | Conc. | Average population of leafhoppers (No / leaf) at | | | Mean |
|---|---|---|---|---|---|---|
| | | | 3 DAT | 7 DAT | 10 DAT | |
| 1 | Flonicamid 50 WG | 0.01% | 0.91 (0.95) | 1.36 (1.15) | 2.22 (1.48) | 1.50 (1.19) |
| 2 | Flonicamid 50 WG | 0.02% | 0.55 (0.74) | 0.96 (0.97) | 1.27 (1.12) | 0.93 (0.94) |
| 3 | Dinotefuran 20 SG | 0.006% | 0.49 (0.70) | 0.82 (0.90) | 0.93 (0.96) | 0.75 (0.85) |
| 4 | Dinotefuran 20 SG | 0.008% | 0.42 (0.64) | 0.69 (0.83) | 0.78 (0.88) | 0.63 (0.78) |
| 5 | Imidacloprid 30.5 SC | 0.005% | 0.57 (0.75) | 1.02 (1.01) | 2.00 (1.41) | 1.20 (1.06) |
| 6 | Acetamiprid 20 SP | 0.004% | 0.58 (0.75) | 0.91 (0.95) | 1.18 (1.08) | 0.89 (0.93) |
| 7 | Fipronil 5 SC | 0.015% | 0.51 (0.71) | 0.85 (0.92) | 1.11 (1.05) | 0.82 (0.89) |
| 8 | Control (Unsprayed). | - | 5.37 (2.31) | 5.60 (2.35) | 6.30 (2.48) | 5.76 (2.38) |
| | F test | | Sig | Sig | Sig | Sig. |
| | SE (m)± | | 0.07 | 0.07 | 0.07 | 0.07 |
| | CD at 5% | | 0.21 | 0.22 | 0.22 | 0.22 |
| | CV % | | 13.49 | 11.65 | 10.18 | 11.77 |

**Nota:** Os números entre parêntesis correspondem ao valor da transformação da raiz quadrada correspondente

## Três dias após a quarta pulverização

Os dados do quadro 9 revelam que todos os tratamentos reduziram significativamente a população de cigarrinhas três dias após a quarta pulverização, em comparação com o controlo. Entre os vários tratamentos, o dinotefurano 0,008% registou uma população mínima (0,33 cigarrinhas/folha) e foi encontrado a par do dinotefurano 0,006% (0,40 cigarrinhas/folha), acetamipride 0.004% (0,42 cigarrinhas/folha), fipronil 0,015% (0,44 cigarrinhas/folha), imidaclopride 0,005% (0,47 cigarrinhas/folha) e flonicamida 0,02% (0,51 cigarrinhas/folha). No entanto, os dois últimos tratamentos também foram iguais ao flonicamid 0,01%     (0,80 cigarrinhas/folha)

## Sete dias após a quarta pulverização

Os dados sobre a população de cigarrinhas, sete dias após a quarta pulverização, apresentados no quadro 9, foram significativos, onde todos os tratamentos mostraram a sua superioridade em relação à testemunha. O tratamento dinotefuran 0,008% foi eficaz, mostrou uma população mínima de cigarrinhas por folha (0,55 cigarrinhas/folha), que por sua vez foi encontrado a par com dinotefuran 0,006% (0.62 cigarrinhas/folha), fipronil 0,015% (0,64 cigarrinhas/folha), acetamipride 0,004% (0,67 cigarrinhas/folha), imidaclopride 0,005% (0,85 cigarrinhas/folha) e flonicamide 0,02% (0,87 cigarrinhas/folha). Estes tratamentos, com exceção do dinotefurão 0,008%, também foram iguais ao flonicamide 0,01% (1,07 cigarrinhas/folha).

## Dez dias após a quarta pulverização

Os dados apresentados no Quadro 9 revelam que todos os tratamentos foram significativamente eficazes na redução da população de cigarrinhas em comparação com o controlo, dez dias após a quarta pulverização. Entre eles, o tratamento com dinotefurano 0,008% mostrou uma população mínima de cigarrinhas por folha (0,91), estatisticamente igual à do dinotefurano 0,006% (1,07 cigarrinhas/folha), fipronil 0.015% (1,09 cigarrinhas/folha), acetamipride 0,004% (1,11 cigarrinhas/folha), imidaclopride 0,005% (1,16 cigarrinhas/folha) e flonicamide 0,02% (1,18 cigarrinhas/folha). No entanto, estes últimos tratamentos foram, por sua vez, iguais ao flonicamid 0,01% (1,62 cigarrinhas/folha). A população máxima de cigarrinhas foi registada no controlo (5,71 cigarrinhas/folha).

# Quadro 9: Efeito dos vários tratamentos na população de cigarrinhas após a quarta pulverização

| Tr. No. | Treatments | Conc. | Average population of leafhoppers (No / leaf) at | | | Mean |
|---|---|---|---|---|---|---|
| | | | 3 DAT | 7 DAT | 10 DAT | |
| 1 | Flonicamid 50 WG | 0.01% | 0.80 (0.89) | 1.07 (1.03) | 1.62 (1.27) | 1.16 (1.06) |
| 2 | Flonicamid 50 WG | 0.02% | 0.51 (0.71) | 0.87 (0.93) | 1.18 (1.08) | 0.85 (0.91) |
| 3 | Dinotefuran 20 SG | 0.006% | 0.40 (0.63) | 0.62 (0.78) | 1.07 (1.03) | 0.70 (0.81) |
| 4 | Dinotefuran 20 SG | 0.008% | 0.33 (0.57) | 0.55 (0.74) | 0.91 (0.95) | 0.60 (0.75) |
| 5 | Imidacloprid 30.5 SC | 0.005% | 0.47 (0.68) | 0.85 (0.91) | 1.16 (1.07) | 0.83 (0.89) |
| 6 | Acetamiprid 20 SP | 0.004% | 0.42 (0.64) | 0.67 (0.81) | 1.11 (1.05) | 0.73 (0.83) |
| 7 | Fipronil 5 SC | 0.015% | 0.44 (0.66) | 0.64 (0.79) | 1.09 (1.04) | 0.72 (0.83) |
| 8 | Control (Water spray). | - | 5.93 (2.41) | 5.78 (2.38) | 5.71 (2.36) | 5.81 (2.38) |
| | F test | | Sig | Sig | Sig | Sig. |
| | SE (m)± | | 0.07 | 0.09 | 0.09 | 0.08 |
| | CD at 5% | | 0.21 | 0.27 | 0.28 | 0.25 |
| | CV % | | 14.41 | 15.45 | 13.72 | 14.53 |

**Nota**: Os números entre parêntesis correspondem ao valor da transformação da raiz quadrada correspondente

## Média da quarta pulverização

Os dados sobre a média apresentados no Quadro 9 revelaram que todos os tratamentos foram significativamente eficazes na redução da população de cigarrinhas em comparação com o controlo. Entre eles, o tratamento com dinotefurano 0,008%, que mostrou uma população mínima de cigarrinhas por folha (0,60), foi estatisticamente igual ao dinotefurano 0,006% (0.70 cigarrinhas/folha), Fipronil 0,015% (0,72 cigarrinhas/folha), acetamipride 0,004% (0,73 cigarrinhas/folha), imidaclopride 0,005% (0,83 cigarrinhas/folha) e flonicamide 0,02%

(0,85 cigarrinhas/folha). No entanto, estes últimos tratamentos foram, por sua vez, iguais ao flonicamid 0,01% (1,16 cigarrinhas/folha). A população máxima de cigarrinhas foi registada no controlo (5,81 cigarrinhas/folha).

## 3.3. Efeito de vários tratamentos na população de tripes após a pulverização.

### Três dias após a primeira pulverização

Os dados apresentados no Quadro 10 relativos à população de tripes, três dias após a primeira pulverização, foram significativos, mostrando a sua eficácia em relação ao controlo. Entre os vários tratamentos, a aplicação de fipronil 0,015%, imidaclopride 0,005% e dinotefurano 0,008% registou uma população mínima de tripes (0,56, 0,71 e 0,78 tripes/folha, respetivamente) e foram iguais entre si. No entanto, os dois últimos tratamentos também estavam ao mesmo nível que o acetamipride 0,004% (0,89 tripes/folha), a flonicamida 0,02% (0,91 tripes/folha) e o dinotefurão 0,006% (0,98 tripes/folha). O tratamento com dinotefurão 0,006%, por sua vez, estava ao mesmo nível que a flonicamida 0,01% (1,24 tripes/folha) e estes tratamentos pareciam ser significativamente promissores em relação ao controlo.

### Sete dias após a primeira pulverização

O resultado tabulado no Quadro 10 revelou que todos os tratamentos foram significativamente eficazes do que o controlo na redução da população de tripes sete dias após a primeira pulverização. A aplicação de fipronil 0,015% mostrou uma população mínima de tripes (0,69 tripes/folha). No entanto, este tratamento foi encontrado a par com imidaclopride 0,005% (0,87 tripes/folha), dinotefurano 0,008% (0,95 tripes/folha) e acetamipride 0,004% (1,00 tripes/folha). Por sua vez, os três últimos tratamentos também se revelaram iguais ao flonicamide 0,02% (1,04 tripes/folha) e ao dinotefurão 0,006% (1,11 tripes/folha). O tratamento com flonicamid 0,01% registou 1,42 tripes por folha e pareceu ser significativamente mais promissor do que o controlo.

### Dez dias após a primeira pulverização

Os dados apresentados no Quadro 10 indicam que todos os tratamentos foram significativamente mais eficazes do que o controlo na verificação da população de tripes. Entre os vários tratamentos, o fipronil 0,015% apresentou uma população mínima de tripes (0,91 tripes/folha) e foi considerado igual ao imidaclopride 0,005% (1.07 tripes/folha), dinotefurano 0,008% (1,13 tripes/folha), acetamipride 0,004% (1,20 tripes/folha), flonicamida 0,02% (1,22 tripes/folha) e dinotefurano 0,006% (1,33 tripes/folha). Enquanto que o tratamento com flonicamid 0,01% registou 1,55 tripes por folha e revelou-se superior ao controlo.

## Quadro 10: Efeito de vários tratamentos na população de tripes após a primeira pulverização.

| Tr. No. | Treatments | Conc. % | Average population of thrips (No / leaf) at | | | Mean |
|---|---|---|---|---|---|---|
| | | | 3 DAT | 7 DAT | 10 DAT | |
| 1 | Flonicamid 50 WG | 0.01% | 1.24 (1.11) | 1.42 (1.19) | 1.55 (1.24) | 1.40 (1.18) |
| 2 | Flonicamid 50 WG | 0.02% | 0.91 (0.95) | 1.04 (1.02) | 1.22 (1.10) | 1.06 (1.02) |
| 3 | Dinotefuran 20 SG | 0.006% | 0.98 (0.98) | 1.11 (1.05) | 1.33 (1.15) | 1.14 (1.06) |
| 4 | Dinotefuran 20 SG | 0.008% | 0.78 (0.88) | 0.95 (0.97) | 1.13 (1.05) | 0.95 (0.97) |
| 5 | Imidacloprid 30.5 SC | 0.005% | 0.71 (0.84) | 0.87 (0.93) | 1.07 (1.02) | 0.88 (0.93) |
| 6 | Acetamiprid 20 SP | 0.004% | 0.89 (0.94) | 1.00 (0.99) | 1.20 (1.09) | 1.03 (1.01) |
| 7 | Fipronil 5 SC | 0.015% | 0.56 (0.74) | 0.69 (0.82) | 0.91 (0.95) | 0.72 (0.84) |
| 8 | Control (Water spray). | - | 2.10 (1.44) | 2.21 (1.48) | 2.52 (1.57) | 2.28 (1.50) |
| | F test | | Sig | Sig | Sig | Sig. |
| | SE (m)± | | 0.05 | 0.06 | 0.08 | 0.06 |
| | CD at 5% | | 0.15 | 0.18 | 0.23 | 0.19 |
| | CV % | | 9.54 | 10.19 | 12.31 | 10.68 |

**Nota:** Os números entre parêntesis correspondem ao valor da transformação da raiz quadrada correspondente

## Média da primeira pulverização

Os dados sobre o efeito cumulativo da primeira pulverização de insecticidas na população de tripes são apresentados no Quadro 10. É evidente que todos os tratamentos insecticidas foram significativamente superiores ao controlo não tratado na redução da população de tripes. Entre os vários tratamentos, o fipronil 0,015%

registou uma população mínima de pragas (0,72 tripes/folha) e foi encontrado a par do imidaclopride 0,005% (0.88 tripes/folha), dinotefurano 0,008% (0,95 tripes/folha), acetamipride 0,004% (1,03 tripes/folha), flonicamida 0,02% (1,06 tripes/folha) e dinotefurano 0,006% (1,14 tripes/folha). No entanto, os três últimos tratamentos, por sua vez, foram considerados iguais ao flonicamide 0,01% (1,40 tripes/folha).

## Três dias após a segunda pulverização

Os dados apresentados no Quadro 11 revelam que houve uma diferença significativa entre os vários tratamentos no que respeita à população de tripes, em comparação com a testemunha não tratada. Entre eles, a aplicação de fipronil 0,015% foi considerada o tratamento mais eficaz, registando uma população mínima de tripes (0,98 tripes/folha), a par do acetamipride 0.004% (1,09 tripes/folha), dinotefurano 0,008% (1,16 tripes/folha), imidaclopride 0,005% (1,2 tripes/folha), flonicamida 0,02% (1,29 tripes/folha) e dinotefurano 0,006% (1,36 tripes/folha). No entanto, os dois últimos tratamentos foram, por sua vez, estatisticamente iguais ao flonicamide 0,01% (1,73 tripes/folha).

## Sete dias após a segunda pulverização

É evidente no Quadro 11 que todos os tratamentos foram significativamente eficazes, em comparação com o controlo, na redução da população de tripes, sete dias após a primeira pulverização. Particularmente no tratamento com fipronil 0,015%, foi observada uma população mínima de tripes (1,38 tripes/folha). Em seguida, os tratamentos eficazes foram: acetamipride 0,004% (1,49 tripes/folha), dinotefurão 0,008% (1,56 tripes/folha), imidaclopride 0,005% (1,58 tripes/folha), flonicamida 0,02% (1.73 tripes/folha), dinotefurão 0,006% (1,76 tripes/folha) e flonicamida 0,01% (2,02 tripes/folha) e foram estatisticamente igualmente eficazes na supressão da população de tripes.

## Dez dias após a segunda pulverização

Os dados apresentados no quadro 11 foram significativos. Entre os vários tratamentos, o fipronil 0,015% registou uma população mínima de tripes (2,31 tripes/folha). Este tratamento foi igual ao acetamipride 0,004% (2,38 tripes/folha), dinotefurão 0,008%

(2,40 tripes/folha), imidaclopride 0,005% (2,49 tripes/folha), flonicamida 0,02% (2,71 tripes/folha) e dinotefurão 0,006% (2,80 tripes/folha). O tratamento com flonicamida 0,01% parece ser menos eficaz contra tripes (3,11 tripes/folha) aos dez dias após a segunda pulverização e foi considerado igual à testemunha.

## Quadro 11: Efeito dos vários tratamentos na população de tripes após a segunda pulverização

| Tr. No | Treatments | Conc. | Average population of thrips (No / leaf) at | | | Mean |
|---|---|---|---|---|---|---|
| | | | 3 DAT | 7 DAT | 10 DAT | |
| 1 | Flonicamid 50 WG | 0.01% | 1.73 (1.31) | 2.02 (1.42) | 3.11 (1.76) | 2.29 (1.50) |
| 2 | Flonicamid 50 WG | 0.02% | 1.29 (1.13) | 1.73 (1.30) | 2.71 (1.65) | 1.91 (1.36) |
| 3 | Dinotefuran 20SG | 0.006% | 1.36 (1.16) | 1.76 (1.32) | 2.80 (1.67) | 1.97 (1.38) |
| 4 | Dinotefuran 20SG | 0.008% | 1.16 (1.07) | 1.56 (1.24) | 2.40 (1.55) | 1.71 (1.29) |
| 5 | Imidacloprid 30.5 SC | 0.005% | 1.20 (1.09) | 1.58 (1.25) | 2.49 (1.57) | 1.76 (1.30) |
| 6 | Acetamiprid 20 SP | 0.004% | 1.09 (1.04) | 1.49 (1.22) | 2.38 (1.53) | 1.65 (1.26) |
| 7 | Fipronil 5 SC | 0.015% | 0.98 (0.98) | 1.38 (1.17) | 2.31 (1.51) | 1.56 (1.22) |
| 8 | Control (Unsprayed). | - | 2.87 (1.68) | 3.26 (1.78) | 3.90 (1.96) | 3.34 (1.81) |
| | F test | | Sig. | Sig. | Sig. | Sig. |
| | SE (m)± | | 0.07 | 0.08 | 0.08 | 0.08 |
| | CD at 5% | | 0.21 | 0.26 | 0.23 | 0.23 |
| | CV % | | 10.87 | 11.30 | 8.44 | 10.20 |

**Nota:** Os números entre parêntesis correspondem ao valor da transformação da raiz quadrada correspondente

## Média da segunda pulverização

Os dados apresentados em média no Quadro 11 revelaram que todos os tratamentos foram significativamente eficazes na redução da população de tripes em comparação com o controlo. Entre eles, o tratamento com fipronil 0,015%, que apresentou uma população mínima de tripes por folha (1,56 tripes/folha), foi estatisticamente igual ao acetamipride 0,004% (1.65 tripes/folha), dinotefurano 0,008% (1,71 tripes/folha), imidaclopride 0,005% (1,76 tripes/folha), flonicamida 0,02% (1,91 tripes/folha) e dinotefurano 0,006% (1,97 tripes/folha). No entanto, estes últimos tratamentos foram, por sua vez, iguais ao flonicamid 0,01% (2,29 tripes/folha). A população máxima de cigarrinhas foi registada no controlo (3,34 tripes/folha).

## Três dias após a terceira pulverização

Os dados apresentados no Quadro 12 indicam que todos os tratamentos foram significativamente superiores ao controlo na redução da população de tripes. Entre eles, o fipronil 0,015, o imidaclopride 0,005% e o acetamipride 0,004% foram os melhores tratamentos, mostrando uma população mínima de tripes de 1,87, 2,13 e 2,40 tripes por folha, respetivamente, e estavam ao mesmo nível uns dos outros.02% (2,89 tripes/folha), dinotefurano 0,008% (3,09 tripes/folha), flonicamida 0,01% (3,11 tripes/folha) e dinotefurano 0,006% (3,60 tripes/folha) e foram estatisticamente iguais e significativamente melhores do que a testemunha (5,67 tripes/folha)

## Sete dias após a terceira pulverização

Os dados apresentados no Quadro 12 revelam que todos os tratamentos foram significativamente eficazes na supressão da população de tripes, em comparação com o controlo não tratado. Entre os vários tratamentos, o fipronil 0,015% registou o mínimo, ou seja, 2,38 tripes por folha. No entanto, este tratamento foi igual ao flonicamid 0,02% (2,89 tripes/folha), dinotefuran 0,008% (2,91 tripes/folha) e imidacloprid 0,005% (3,44 tripes/folha). Os três últimos tratamentos foram encontrados, por sua vez, a par com acetamipride 0,004% (3,62 tripes/folha), flonicamida 0,01% (3,67 tripes/folha) e dinotefurão 0,006% (3,84 tripes/folha). A população máxima de tripes foi registada na parcela de controlo não tratada (6,43 tripes/folha).

## Dez dias após a terceira pulverização

Os dados apresentados no Quadro 12 foram significativos. Entre os vários tratamentos, o fipronil 0,015% registou uma população mínima de tripes (3,51 tripes/folha) e foi considerado estatisticamente igual ao flonicamide 0,02% (3.76 tripes/folha), dinotefuran 0,008% (4,00 tripes/folha), imidacloprid 0,005% (4,16 tripes/folha), acetamiprid 0,004% (4,78 tripes/folha) e flonicamid 0,01% (4,85 tripes/folha). A aplicação de dinotefurano 0,006% registou 5,06 tripes por folha e foi significativamente melhor do que o controlo (7,95 tripes/folha).

## Quadro 12: Efeito dos vários tratamentos na população de tripes após a terceira pulverização

| Tr. No. | Treatments | Conc. | Average population of thrips (No / leaf) at | | | Mean |
|---|---|---|---|---|---|---|
| | | | 3 DAT | 7 DAT | 10 DAT | |
| 1 | Flonicamid 50 WG | 0.01% | 3.11 (1.76) | 3.67 (1.91) | 4.85 (2.20) | 3.88 (1.96) |
| 2 | Flonicamid 50 WG | 0.02% | 2.89 (1.70) | 2.89 (1.69) | 3.76 (1.94) | 3.18 (1.78) |
| 3 | Dinotefuran 20 SG | 0.006% | 3.60 (1.89) | 3.84 (1.96) | 5.06 (2.25) | 4.17 (2.03) |
| 4 | Dinotefuran 20 SG | 0.008% | 3.09 (1.75) | 2.91 (1.70) | 4.00 (2.00) | 3.33 (1.82) |
| 5 | Imidacloprid 30.5 SC | 0.005% | 2.13 (1.46) | 3.44 (1.85) | 4.16 (2.04) | 3.24 (1.78) |
| 6 | Acetamiprid 20 SP | 0.004% | 2.40 (1.54) | 3.62 (1.90) | 4.78 (2.18) | 3.60 (1.87) |
| 7 | Fipronil 5 SC | 0.015% | 1.87 (1.36) | 2.38 (1.54) | 3.51 (1.87) | 2.59 (1.59) |
| 8 | Control (Water spray). | - | 5.67 (2.35) | 6.43 (2.50) | 7.95 (2.79) | 6.68 (2.55) |
| | F test | | Sig | Sig | Sig | Sig. |
| | SE (m)± | | 0.10 | 0.10 | 0.11 | 0.10 |
| | CD at 5% | | 0.30 | 0.31 | 0.33 | 0.31 |
| | CV % | | 10.54 | 9.72 | 9.09 | 9.78 |

**Nota:** Os números entre parêntesis correspondem ao valor da transformação da raiz quadrada correspondente

## Média da terceira pulverização

No quadro 12, a média da população de tripes foi significativa, mostrando a sua eficácia em relação à testemunha. Entre os vários tratamentos, a aplicação de fipronil 0,015% registou a população mais baixa (2,59 tripes/folha) e foi igual à do flonicamide 0,02% (3,18 tripes/folha), imidaclopride 0,005% (3,24 tripes/folha), dinotefurano 0,008% (3,33 tripes/folha) e acetamipride 0,004% (3,60 tripes/folha). Por outro lado, a parcela tratada com flonicamida 0,01% registou (3,88 tripes/folha), o que é semelhante ao dinotefurão 0,006% (4,17 tripes/folha).

## Três dias após a quarta pulverização

Os dados apresentados no Quadro 13 indicam que todos os tratamentos foram significativamente eficazes na redução da população de tripes, em comparação com a testemunha não tratada. A população mínima de tripes três dias após a quarta pulverização foi observada no tratamento com fipronil 0,015% (1,98 tripes/folha). Os restantes tratamentos mostraram a sua eficácia pela seguinte ordem decrescente: imidaclopride 0,005% (2,11 tripes/folha), acetamipride 0,004% (2,15 tripes/folha), dinotefurão 0,008% (2.22 tripes/folha), dinotefurão 0,006% (2,44 tripes/folha), flonicamida 0,002% (2,45 tripes/folha) e flonicamida 0,01% (2,76 tripes/folha) e todos estes tratamentos foram considerados iguais entre si.

## Sete dias após a quarta pulverização

Os dados tabulados no quadro 13 sobre a população de tripes, sete dias após a quarta pulverização, indicam que todos os tratamentos foram significativamente superiores ao controlo na redução da população de tripes. Entre os vários tratamentos, o fipronil 0,015% registou uma população mínima de tripes (2,53 tripes/folha). Este tratamento foi considerado igual ao flonicamid 0,02% (2,58 tripes/folha), imidacloprid 0,005% (2,98 tripes/folha), dinotefuran 0.008% (3,00 tripes/folha), acetamipride 0,004% (3,20 tripes/folha), dinotefurão 0,006% (3,36 tripes/folha) e flonicamida 0,01% (3,62 tripes/folha).

## Dez dias após a quarta pulverização

Os dados apresentados no quadro 13 mostram que todos os tratamentos foram significativamente superiores à testemunha no controlo da população de tripes, dez dias após o tratamento. A população mínima de tripes foi observada no tratamento com fipronil 0,015% (3,20 tripes/folha). No entanto, este tratamento foi, por sua vez, equiparado ao flonicamid 0,02% (3,29 tripes/folha), imidacloprid 0,005% (3,62 tripes/folha), dinotefuran 0.008% (3,64 tripes/folha), acetamipride 0,004% (4,08 tripes/folha), flonicamida 0,01% (4,18 tripes/folha) e dinotefurão 0,006% (4,31 tripes/folha). A população máxima de tripes foi observada na testemunha não tratada (6,84 tripes/folha).

# Quadro 13: Efeito dos vários tratamentos na população de tripes após a quarta pulverização

| Tr. No. | Treatments | Conc. | Average population of thrips (No / leaf) at | | | Mean |
|---|---|---|---|---|---|---|
| | | | 3 DAT | 7 DAT | 10 DAT | |
| 1 | Flonicamid 50 WG | 0.01% | 2.76 (1.65) | 3.62 (1.90) | 4.18 (2.04) | 3.52 (1.86) |
| 2 | Flonicamid 50 WG | 0.02% | 2.45 (1.56) | 2.58 (1.60) | 3.29 (1.81) | 2.77 (1.66) |
| 3 | Dinotefuran 20 SG | 0.006% | 2.44 (1.55) | 3.36 (1.83) | 4.31 (2.07) | 3.37 (1.82) |
| 4 | Dinotefuran 20 SG | 0.008% | 2.22 (1.48) | 3.00 (1.73) | 3.64 (1.90) | 2.95 (1.70) |
| 5 | Imidacloprid 30.5 SC | 0.005% | 2.11 (1.45) | 2.98 (1.72) | 3.62 (1.89) | 2.90 (1.69) |
| 6 | Acetamiprid 20 SP | 0.004% | 2.15 (1.46) | 3.20 (1.78) | 4.08 (2.02) | 3.14 (1.75) |
| 7 | Fipronil 5 SC | 0.015% | 1.98 (1.40) | 2.53 (1.58) | 3.20 (1.78) | 2.57 (1.59) |
| 8 | Control (Water spray) | - | 7.12 (2.65) | 7.12 (2.62) | 6.84 (2.59) | 7.03 (2.62) |
| | F test | | Sig | Sig | Sig | Sig. |
| | SE (m)± | | 0.09 | 0.14 | 0.11 | 0.11 |
| | CD at 5% | | 0.28 | 0.42 | 0.33 | 0.34 |
| | CV % | | 10.21 | 13.68 | 10.18 | 11.36 |

**Nota:** Os números entre parêntesis correspondem ao valor da transformação da raiz quadrada correspondente

## Média da quarta pulverização

Os dados da Tabela 13 sobre a população média de tripes indicaram que o tratamento viz., fipronil 0,015%, flonicamid 0,02%, imidacloprid 0,005%, dinotefuran 0,008% acetamiprid 0,004%, dinotefuran 0,006% e flonicamid 0,01% foram considerados estatisticamente igualmente eficazes na supressão da população de tripes. Estes tratamentos registaram uma população de pragas entre 2,57 e 3,52 tripes por folha. Enquanto que a população máxima de 7,03 tripes por folha foi observada no controlo não tratado.

## 3.4 Efeito de vários tratamentos na população de mosca branca após a pulverização

## Três dias após a primeira pulverização

Os dados apresentados no Quadro 14 relativos à população de mosca branca, três dias após a primeira pulverização, foram significativos, mostrando a sua eficácia em relação ao controlo. Entre os vários tratamentos, a aplicação de acetamipride 0,004% registou a população mais baixa (0,27 moscas brancas/folha) e foi igual à de fipronil 0,015% (0,29 moscas brancas/folha), flonicamide 0,02% (0,33 moscas brancas/folha), imidaclopride 0,005% (0,40 moscas brancas/folha) e dinotefurão 0,008% (0,40 moscas brancas/folha). Por outro lado, a parcela tratada com flonicamida 0,01% registou (0,47 moscas brancas/folha), o que se verificou ser igual ao dinotefurão 0,006% (0,49 moscas brancas/folha)

## Sete dias após a primeira pulverização

Os dados do Quadro 14 sobre a população de moscas brancas, sete dias após a primeira pulverização, indicam que todos os tratamentos foram significativamente eficazes em relação ao controlo. O acetamipride 0,004% registou uma população mínima de moscas brancas (0,51 moscas brancas/folha) e este tratamento foi encontrado a par do fipronil 0,015% (0,55 moscas brancas/folha), flonicamide 0,02% (0,58 moscas brancas/folha), dinotefurano 0,008% (0,67 moscas brancas/folha) e imidaclopride 0,005% (0,69 moscas brancas/folha). Flonicamid 0,01% foi o próximo melhor tratamento no controlo da população de moscas brancas (0,89 moscas brancas/folha) que foi encontrado a par com dinotefuran 0,006% (1,02 moscas brancas/folha).

## Dez dias após a primeira pulverização

Os dados apresentados no quadro 14 foram significativos. Entre os vários tratamentos, a população mínima (0,93 moscas brancas/folha) foi registada na parcela tratada com acetamipride 0,004% e este tratamento foi igual ao fipronil 0,015% (1,07 moscas brancas/folha), flonicamide 0,02% (1,25 moscas brancas/folha) e dinotefurano 0,008% (1,29 moscas brancas/folha). O tratamento com flonicamid 0,01% e dinotefurano 0,006% registou comparativamente uma maior população, ou seja, 1,71 e 1,73 moscas brancas por folha, e foi considerado igual ao controlo.

## Quadro 14: Efeito de vários tratamentos na população de mosca branca após a primeira pulverização.

| Tr. No. | Treatments | Conc. % | Average population of whiteflies (No / leaf) at | | | Mean |
|---|---|---|---|---|---|---|
| | | | 3 DAT | 7 DAT | 10 DAT | |
| 1 | Flonicamid 50 WG | 0.01% | 0.47 (0.67) | 0.89 (0.93) | 1.71 (1.30) | 1.02 (0.97) |
| 2 | Flonicamid 50 WG | 0.02% | 0.33 (0.57) | 0.58 (0.75) | 1.25 (1.11) | 0.72 (0.81) |
| 3 | Dinotefuran 20 SG | 0.006% | 0.49 (0.76) | 1.02 (1.00) | 1.73 (1.31) | 1.08 (1.02) |
| 4 | Dinotefuran 20 SG | 0.008% | 0.40 (0.62) | 0.67 (0.81) | 1.29 (1.13) | 0.79 (0.85) |
| 5 | Imidacloprid 30.5 SC | 0.005% | 0.40 (0.62) | 0.69 (0.82) | 1.42 (1.19) | 0.84 (0.88) |
| 6 | Acetamiprid 20 SP | 0.004% | 0.27 (0.50) | 0.51 (0.71) | 0.93 (0.96) | 0.57 (0.72) |
| 7 | Fipronil 5 SC | 0.015% | 0.29 (0.52) | 0.55 (0.73) | 1.07 (1.02) | 0.64 (0.76) |
| 8 | Control (Water spray). | - | 1.51 (1.22) | 1.66 (1.28) | 1.96 (1.38) | 1.71 (1.29) |
| | F test SE (m)± CD at 5% CV % | | Sig 0.05 0.15 12.63 | Sig 0.04 0.14 9.43 | Sig 0.05 0.17 8.38 | Sig. 0.05 0.15 10.15 |

**Nota:** Os números entre parêntesis correspondem ao valor da transformação da raiz quadrada correspondente

## Média da primeira pulverização

Os dados apresentados no quadro 14 indicam que todos os tratamentos foram significativamente eficazes na supressão da população de mosca branca em comparação com o controlo não tratado. Entre os vários tratamentos, o acetamipride 0,004% registou a população mínima de pragas (0,57 moscas brancas/folha). No entanto, este tratamento foi encontrado a par do fipronil 0,015% (0,64 moscas brancas/folha), flonicamida 0,02% (0,72 moscas brancas/folha) e dinotefurano 0,008% (0,79 moscas brancas/folha). O próximo grupo de tratamento eficaz foi o imidaclopride 0,005% (0,84 moscas brancas/folha), flonicamida 0,01% (1,02 moscas brancas/folha) e dinotefurão 0,006% (1,08 moscas brancas/folha), que foram encontrados a par uns dos outros.

## Três dias após a segunda pulverização

Os dados apresentados no quadro 15 indicam que todos os tratamentos foram significativamente eficazes na redução da população de mosca branca em comparação com o controlo não tratado. A população mínima de moscas brancas três dias após a segunda pulverização foi observada no tratamento com acetamipride 0,004% (0,53 moscas brancas/folha), seguido de perto pelo fipronil 0,015% (0,58 moscas brancas/folha), flonicamide 0,02% (0,67 moscas brancas/folha), dinotefurano 0,008% e imidaclopride 0,005% (0,80 moscas brancas/folha) e estão ao mesmo nível. O grupo seguinte de tratamentos eficazes contra as moscas brancas foi o flonicamid 0,01% (0,93 moscas brancas/folha), seguido do dinotefuran 0,006% (1,20 moscas brancas/folha), estando estes tratamentos ao mesmo nível. A população máxima de pragas (2,22 moscas brancas/folha) foi observada no controlo não tratado.

## Sete dias após a segunda pulverização

Os dados apresentados no quadro 15 foram significativos. Entre os vários tratamentos, o acetamipride 0,004% registou uma população mínima de moscas brancas (0,93 moscas brancas/folha) e verificou-se que estava ao mesmo nível que o fipronil 0,015% (1.00 moscas brancas/folha), flonicamid 0,02% (1,04 moscas brancas/folha), imidacloprid 0,005% (1,07 moscas brancas/folha), dinotefuran 0,008% (1,09 moscas brancas/folha) e flonicamid 0,01% (1,24 moscas brancas/folha). Por sua vez, o flonicamid 0,01% foi igual ao dinotefuran 0,006% (1,60 moscas brancas/folha). A parcela de controlo não tratada registou a população máxima de pragas (2,41 moscas brancas/folha).

## Dez dias após a segunda pulverização

Os dados apresentados no Quadro 15 foram significativos. Entre os vários tratamentos, o acetamipride 0,004% registou uma população mínima de moscas brancas (1,33 moscas brancas/folha). Este tratamento foi encontrado a par do fipronil 0,015%.

## Table 15: Efeito de vários tratamentos na população de mosca branca após a segunda pulverização

| Tr. No. | Treatments | Conc. | Average population of whiteflies (No / leaf) at | | | Mean |
|---|---|---|---|---|---|---|
| | | | 3 DAT | 7 DAT | 10 DAT | |
| 1 | Flonicamid 50 WG | 0.01% | 0.93 (0.95) | 1.24 (1.11) | 2.04 (1.42) | 1.40 (1.16) |
| 2 | Flonicamid 50 WG | 0.02% | 0.67 (0.81) | 1.04 (1.01) | 1.51 (1.22) | 1.07 (1.01) |
| 3 | Dinotefuran 20SG | 0.006% | 1.20 (1.08) | 1.60 (1.25) | 2.29 (1.51) | 1.70 (1.28) |
| 4 | Dinotefuran 20SG | 0.008% | 0.80 (0.88) | 1.09 (1.03) | 1.76 (1.32) | 1.22 (1.08) |
| 5 | Imidacloprid 30.5 SC | 0.005% | 0.80 (0.89) | 1.07 (1.02) | 1.66 (1.28) | 1.18 (1.06) |
| 6 | Acetamiprid 20 SP | 0.004% | 0.53 (0.72) | 0.93 (0.96) | 1.33 (1.15) | 0.93 (0.94) |
| 7 | Fipronil 5 SC | 0.015% | 0.58 (0.75) | 1.00 (1.00) | 1.44 (1.19) | 1.01 (0.98) |
| 8 | Control (Water spray) | - | 2.22 (1.48) | 2.41 (1.54) | 2.73 (1.64) | 2.45 (1.55) |
| | F test | | Sig. | Sig. | Sig. | Sig. |
| | SE (m)± | | 0.06 | 0.06 | 0.07 | 0.06 |
| | CD at 5% | | 0.20 | 0.19 | 0.21 | 0.20 |
| | CV % | | 12.35 | 10.01 | 9.34 | 10.57 |

**Nota**: Os números entre parêntesis correspondem ao valor da transformação da raiz quadrada correspondente

(1,44 moscas brancas/folha), flonicamid 0,02% (1,51 moscas brancas/folha), imidacloprid 0,005% (1,66 moscas brancas/folha) e dinotefuran 0,008% (1,76 moscas brancas/folha). Os tratamentos com dinotefurano 0,006% registaram comparativamente uma maior população de moscas brancas (2,29 moscas brancas/folha) e foram iguais ao controlo não tratado.

## Média da segunda pulverização

Os dados apresentados no Quadro 15 relativos à população de mosca branca após a primeira pulverização foram significativos, mostrando a sua eficácia em relação ao controlo. De entre os vários tratamentos, a aplicação de acetamipride 0,004% registou a população mais baixa (0,93 moscas brancas/folha) e foi equiparada a fipronil 0,015% (1,01 moscas brancas/folha), flonicamide 0,02% (1,07 moscas brancas/folha), imidaclopride 0,005% (1,18 moscas brancas/folha) e dinotefurão 0,008% (1,22 moscas brancas/folha). Por outro lado, a parcela tratada com flonicamida 0,01% registou (1,40 moscas brancas/folha), o que é semelhante ao dinotefurão 0,006% (1,70 moscas brancas/folha).

## Três dias após a terceira pulverização

Os dados apresentados no Quadro 16 relativos à população de mosca branca, três dias após a terceira pulverização, foram significativos, mostrando a sua eficácia em relação à testemunha. Entre eles, o acetamipride 0,004%, o flonicamide 0,02%, o fipronil 0,015% e o dinotefurão 0,008% foram os tratamentos mais superiores, com 0,49, 0,51, 0,56 e 0,60 moscas brancas por folha, respetivamente, e foram iguais entre si.

O próximo grupo de tratamentos eficazes foi o imidaclopride 0,005% (1,00 moscas brancas/folha), dinotefurano 0,006% (1,02 moscas brancas/folha) e flonicamida 0,01% (1,18 moscas brancas/folha), que foram iguais entre si. Enquanto que o número máximo de população de moscas brancas foi observado em parcelas de controlo não tratadas (2,85 moscas brancas/folha).

## Sete dias após a terceira pulverização

Os dados apresentados no Quadro 16 relativos à população de moscas brancas, sete dias após a terceira pulverização, foram significativos, mostrando a sua eficácia em relação ao controlo. Entre os vários tratamentos, a aplicação de acetamipride 0,004% apresentou a população mais baixa (0,98 moscas brancas/folha) e foi equiparada a fipronil 0,015% (1,11 moscas brancas/folha), flonicamide 0,02% (1,18 moscas brancas/folha), imidaclopride 0,005% (1,29 moscas brancas/folha) e dinotefurão 0,008% (1,31 moscas brancas/folha). No entanto, estes últimos tratamentos foram, por sua vez, considerados iguais ao dinotefurão 0,006% (1,47 moscas brancas/folha) e flonicamida 0,01% (1,58 moscas brancas/folha).

# Table 16: Efeito de vários tratamentos na população de mosca branca após a terceira pulverização

| Tr. No. | Treatments | Conc. | Average population of whiteflies (No / leaf) at | | | Mean |
|---|---|---|---|---|---|---|
| | | | 3 DAT | 7 DAT | 10 DAT | |
| 1 | Flonicamid 50 WG | 0.01% | 1.18 (1.08) | 1.58 (1.25) | 2.45 (1.55) | 1.74 (1.29) |
| 2 | Flonicamid 50 WG | 0.02% | 0.51 (0.71) | 1.18 (1.08) | 1.60 (1.26) | 1.10 (1.02) |
| 3 | Dinotefuran 20 SG | 0.006% | 1.02 (1.00) | 1.47 (1.20) | 2.02 (1.42) | 1.50 (1.21) |
| 4 | Dinotefuran 20 SG | 0.008% | 0.60 (0.70) | 1.31 (1.14) | 1.69 (1.31) | 1.20 (1.05) |
| 5 | Imidacloprid 30.5 SC | 0.005% | 1.00 (0.99) | 1.29 (1.12) | 1.73 (1.31) | 1.34 (1.14) |
| 6 | Acetamiprid 20 SP | 0.004% | 0.49 (0.62) | 0.98 (0.98) | 1.51 (1.22) | 0.99 (0.94) |
| 7 | Fipronil 5 SC | 0.015% | 0.56 (0.74) | 1.11 (1.04) | 1.66 (1.28) | 1.11 (1.02) |
| 8 | Control (Water spray). | - | 2.85 (1.68) | 3.15 (1.76) | 3.81 (1.94) | 3.27 (1.79) |
| | F test | | Sig | Sig | Sig | Sig |
| | SE (m)± | | 0.07 | 0.07 | 0.08 | 0.07 |
| | CD at 5% | | 0.21 | 0.21 | 0.25 | 0.22 |
| | CV % | | 12.96 | 10.58 | 10.32 | 11.29 |

**Nota:** Os números entre parêntesis correspondem ao valor da transformação da raiz quadrada correspondente

## Dez dias após a terceira pulverização

Pode ser visto a partir dos dados apresentados na Tabela 16 que todos os tratamentos foram significativamente superiores ao controlo da população de mosca branca, dez dias após o tratamento. A população mínima de mosca branca foi observada no tratamento com acetamipride 0,004% (1,51 moscas brancas/folha). No entanto, este tratamento foi encontrado a par com flonicamida 0,02% (1,60 moscas brancas/folha), fipronil 0,015% (1,66 moscas brancas/folha), dinotefurano 0,008% (1,69 moscas brancas/folha), imidaclopride 0,005% (1,73 moscas brancas/folha) e dinotefurano 0,006% (2,02 moscas brancas/folha). Os três últimos tratamentos foram, no entanto, iguais ao flonicamid 0,01% (2,45 moscas brancas/folha). A população máxima de pragas (3,81 moscas brancas/folha) foi observada no controlo não tratado.

## Média da terceira pulverização

Os dados apresentados na Tabela 16 inferem que todos os tratamentos foram significativamente eficazes na supressão da população de moscas brancas em comparação com o controlo não tratado. Entre os vários tratamentos, a aplicação de acetamipride 0,004% registou a população mais baixa (0,99 moscas brancas/folha) e foi igual a flonicamide 0,02% (1,10 moscas brancas/folha), fipronil 0,015% (1,11 moscas brancas/folha), dinotefurão 0,008 (1,20 moscas brancas/folha) e imidaclopride 0,005% (1,34 moscas brancas/folha). Por outro lado, a parcela tratada com dinotefurão 0,006% registou 1,50 moscas brancas por folha, o que é semelhante ao flonicamide 0,01% (1,74 moscas brancas/folha) em comparação com a parcela de controlo (3,27 moscas brancas/folha).

## Três dias após a quarta pulverização

Os dados apresentados no quadro 17 indicam que todos os tratamentos foram significativamente eficazes na redução da população de moscas brancas em comparação com o controlo não tratado. A população mais baixa (1,29 moscas brancas/folha) foi observada aos três dias após a quarta pulverização no tratamento com acetamipride 0,004% e foi igual ao fipronil 0,015% (1.40 moscas brancas/folha), dinotefuran 0,008% (1,60 moscas brancas/folha), flonicamid 0,02% (1,62 moscas brancas/folha), imidacloprid 0,005% (1,80 moscas brancas/folha) e dinotefuran 0,006% (1,80 moscas brancas/folha). Por outro lado, a flonicamida 0,01% registou 2,02 moscas brancas por folha, o que foi significativamente melhor do que o controlo (4,16 moscas brancas/folha).

## Sete dias após a quarta pulverização

É evidente no quadro 17 que todos os tratamentos foram significativamente eficazes em comparação com o controlo na redução da população de mosca branca, sete dias após a primeira pulverização. Particularmente no tratamento com acetamipride 0,004% foi observada uma população mínima de mosca branca (1,64 moscas brancas/folha). Além disso, os tratamentos eficazes foram fipronil 0,015% (1,82 moscas brancas/folha), flonicamida 0,02% (1,87 moscas brancas/folha), imidaclopride 0,005% (1,91 moscas brancas/folha), dinotefurano 0,008% (2.18 moscas brancas/folha), dinotefurão 0,006% (2,31 moscas brancas/folha) e flonicamida 0,01% (2,36 moscas brancas/folha) e foram estatisticamente igualmente eficazes na supressão da população de moscas brancas.

**Table 17:  Efeito de vários tratamentos na população de mosca branca após a quarta pulverização**

| Tr. No. | Treatments | Conc. | Average population of whiteflies (No / leaf) at | | | Mean |
|---|---|---|---|---|---|---|
| | | | 3 DAT | 7 DAT | 10 DAT | |
| 1 | Flonicamid 50 WG | 0.01% | 2.02 (1.42) | 2.36 (1.53) | 2.58 (1.6) | 2.32 (1.52) |
| 2 | Flonicamid 50 WG | 0.02% | 1.62 (1.27) | 1.87 (1.36) | 2.11 (1.45) | 1.86 (1.36) |
| 3 | Dinotefuran 20 SG | 0.006% | 1.80 (1.34) | 2.31 (1.52) | 2.38 (1.53) | 2.16 (1.46) |
| 4 | Dinotefuran 20 SG | 0.008% | 1.60 (1.25) | 2.18 (1.47) | 2.16 (1.46) | 1.98 (1.39) |
| 5 | Imidacloprid 30.5 SC | 0.005% | 1.80 (1.33) | 1.91 (1.38) | 2.60 (1.61) | 2.10 (1.44) |
| 6 | Acetamiprid 20 SP | 0.004% | 1.29 (1.13) | 1.64 (1.28) | 1.98 (1.40) | 1.64 (1.27) |
| 7 | Fipronil 5 SC | 0.015% | 1.40 (1.18) | 1.82 (1.34) | 2.09 (1.44) | 1.77 (1.32) |
| 8 | Control (Water spray) | - | 4.16 (2.01) | 4.85 (2.16) | 4.90 (2.20) | 4.64 (2.12) |
| | F test | | Sig | Sig | Sig | Sig |
| | SE (m)± | | 0.08 | 0.10 | 0.09 | 0.09 |
| | CD at 5% | | 0.26 | 0.31 | 0.28 | 0.28 |
| | CV % | | 11.36 | 12.43 | 10.15 | 11.31 |

**Nota:** Os números entre parêntesis correspondem ao valor da transformação da raiz quadrada correspondente

## Dez dias após a quarta pulverização

Os dados apresentados no Quadro 17 relativos à população de moscas brancas dez dias após a quarta pulverização foram significativos. Os tratamentos viz., acetamipride 0,004%, fipronil 0,015%, flonicamida 0,02%, dinotefurano 0,008%, dinotefurano 0,006%, flonicamida 0,01% e imidaclopride 0,005% foram estatisticamente igualmente eficazes na supressão da população de moscas brancas. Estes tratamentos registaram uma população de pragas entre 1,98 e 2,60 moscas brancas por folha. Considerando que, a população máxima de 4,90 moscas brancas por folha foi observada no controlo não tratado.

## Média da quarta pulverização

É evidente no quadro 17 que todos os tratamentos foram significativamente eficazes em comparação com o controlo na redução da população de moscas brancas. Particularmente no tratamento com acetamipride 0,004% foi observada uma população mínima de moscas brancas (1,64 moscas brancas/folha). Em seguida, os tratamentos eficazes foram fipronil 0,015 (1,77 moscas brancas/folha), flonicamida 0,02% (1,86 moscas brancas/folha), dinotefurano 0,008% (1,98 moscas brancas/folha), imidaclopride 0,005% (2,10 moscas brancas/folha), dinotefurano 0,006% (2,16 moscas brancas/folha) e flonicamida 0,01% (2,32 moscas brancas/folha) e foram estatisticamente igualmente eficazes na supressão da população de moscas brancas.

## 3.5 Efeito cumulativo de vários tratamentos na população de afídeos

Os dados apresentados no quadro 18, relativos ao efeito cumulativo dos tratamentos após quatro pulverizações, indicam que todos os tratamentos foram significativamente eficazes na supressão da população de pulgões, em comparação com a testemunha não tratada. Entre os vários tratamentos, o flonicamid 0,02% registou o mínimo, ou seja, 2,17 pulgões por folha. No entanto, este tratamento foi igual ao dinotefurano 0,008% (2,46 pulgões/folha), imidaclopride 0,005% (2,76 pulgões/folha) e fipronil 0,015% (2,96 pulgões/folha). Os três tratamentos posteriores foram, por sua vez, parecidos com acetamipride 0,004% (3,14 pulgões/folha), flonicamida 0,01% (3,23 pulgões/folha) e dinotefurano 0,006% (3,41 pulgões/folha). A população máxima de pulgões foi registada na parcela de controlo não tratada (8,03 pulgões/folha).

**Plate 2:  Sucking Pests Observed on Bt Cotton**

**Table 18:** Efeito cumulativo dos vários tratamentos na população de pragas sugadoras (média de quatro pulverizações)

| Tr. No. | Treatments | Conc. | Sucking pests population (No./leaf) | | | |
|---|---|---|---|---|---|---|
| | | | Aphids | Leafhoppers | Thrips | Whiteflies |
| 1 | Flonicamid 50 WG | 0.01% | 3.23 (1.77) | 1.43 (1.17) | 2.77 (1.62) | 1.62 (1.20) |
| 2 | Flonicamid 50 WG | 0.02% | 2.17 (1.44) | 1.10 (1.02) | 2.22 (1.45) | 1.19 (1.05) |
| 3 | Dinotefuron 20 SG | 0.006% | 3.41 (1.82) | 0.85 (0.89) | 2.66 (1.57) | 1.62 (1.20) |
| 4 | Dinotefuron 20 SG | 0.008% | 2.46 (1.53) | 0.75 (0.83) | 2.23 (1.44) | 1.29 (1.06) |
| 5 | Imidacloprid 30.5 SC | 0.005% | 2.76 (1.64) | 1.10 (1.01) | 2.19 (1.42) | 1.31 (1.13) |
| 6 | Acetamiprid 20 SP | 0.004% | 3.14 (1.75) | 0.96 (0.95) | 2.35 (1.47) | 1.02 (0.97) |
| 7 | Fipronil 5 SC | 0.015% | 2.96 (1.70) | 0.92 (0.92) | 1.85 (1.31) | 1.13 (1.02) |
| 8 | Control (Water spray) | - | 8.03 (2.77) | 4.54 (2.10) | 4.83 (2.12) | 3.03 (1.70) |
| | F test | | Sig. | Sig. | Sig. | Sig. |
| | SE (m)± | | 0.10 | 0.07 | 0.07 | 0.03 |
| | CD at 5% | | 0.30 | 0.21 | 0.21 | 0.10 |
| | CV % | | 9.51 | 10.98 | 7.92 | 5.12 |

**Nota:** Os números entre parêntesis correspondem ao valor da transformação da raiz quadrada correspondente

## 3.6 Efeito cumulativo de vários tratamentos na população de cigarrinhas

Os dados sobre o efeito cumulativo de 4 pulverizações de insecticidas na população de cigarrinhas foram apresentados no quadro 18. É evidente que todos os tratamentos foram significativamente superiores ao controlo não tratado na redução da população de cigarrinhas. Entre eles, a aplicação de dinotefurano a 0,008% foi considerada o tratamento eficaz no registo de uma população mínima de cigarrinhas (0,75 cigarrinhas/folha) e foi igual à aplicação de dinotefurano a 0,006% (0.85 cigarrinhas/folha), fipronil 0,015% (0,92 cigarrinhas/folha), acetamipride 0,004% (0,96 cigarrinhas/folha), imidaclopride 0,005% (1,10 cigarrinhas/folha) e flonicamide 0,02% (1,10 cigarrinhas/folha). No entanto, os dois últimos tratamentos foram, por sua vez, considerados iguais ao flonicamide 0,01% (1,43 cigarrinhas/folha).

## 3.7 Efeito cumulativo de vários tratamentos na população de tripes

Os dados sobre o efeito cumulativo de 4 pulverizações de insecticidas sobre a população de tripes são apresentados no quadro 18, que indica que todos os tratamentos foram significativamente eficazes na supressão da população de tripes, em comparação com a testemunha não tratada. De entre os vários tratamentos, o fipronil 0,015% registou uma população mínima de tripes (1,85 tripes/folha) e foi equiparado ao imidaclopride 0,005% (2,19 tripes/folha), dinotefurão 0,008% (2,23 tripes/folha), flonicamida 0,02% (2,22 tripes/folha) e acetamipride 0,004% (2,35 tripes/folha). No entanto, estes últimos tratamentos foram, por sua vez, equiparados ao dinotefurão a 0,006% (2,66 tripes/folha) e ao flonicamide a 0,01% (2,77 tripes/folha).

## 3.8 Efeito cumulativo de vários tratamentos na população de mosca branca

Os resultados tabulados no Quadro 18 indicaram que o acetamipride 0,004% registou uma população mínima de moscas brancas (1,02 moscas brancas/folha) e foi igual ao fipronil 0,015% (1,13 moscas brancas/folha), flonicamide 0,02% (1,19 moscas brancas/folha) e dinotefurão 0,008% (1,29 moscas brancas/folha). Os dois últimos tratamentos, por sua vez, foram considerados iguais ao imidaclopride 0,005% (1,31 moscas brancas/folha). O tratamento com imidaclopride 0,005%, por sua vez, está ao mesmo nível que o flonicamide 0,01% (1,62 moscas brancas/folha). No entanto, o flonicamid 0,01% também foi encontrado a par do dinotefuran 0,006% (1,62 moscas brancas/folha), o que é significativamente promissor em relação ao controlo.

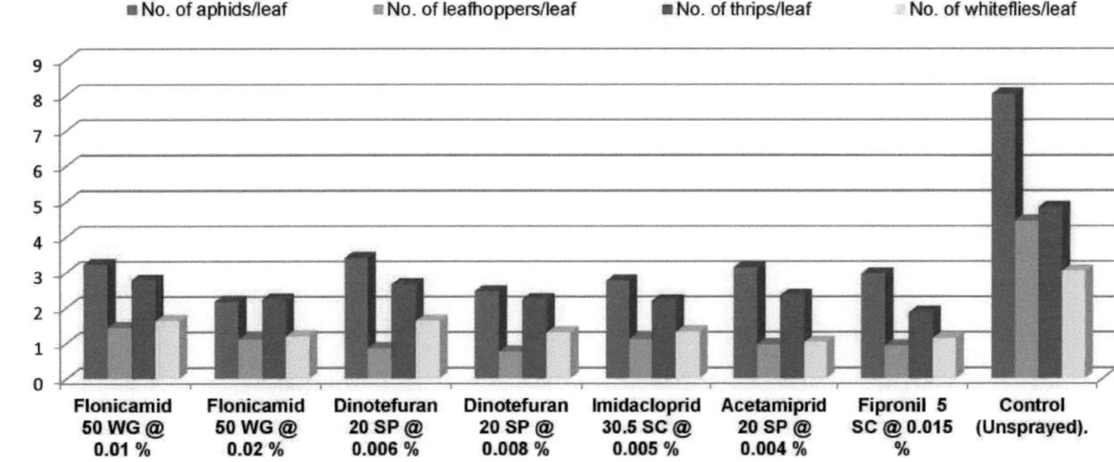


Figura. 1 Efeito cumulativo de vários tratamentos na população de pragas sugadoras

Plate 3:  Natural Enemies Observed on Bt Cotton

## 3.    9Efeito cumulativo de vários tratamentos na população de joaninhas

Os dados da Tabela 19 sobre a população do besouro joaninha em diferentes intervalos de observação após as pulverizações indicaram diferenças não significativas entre os tratamentos. A população de joaninhas foi observada na faixa de 0,70 a 0,92 por planta. No entanto, foi registado um número numericamente maior de joaninhas nas parcelas de controlo não tratadas.

**Table 19:    Efeito cumulativo de vários tratamentos na população de joaninhas**

| Tr. No. | Treatments | Conc. | Average population of ladybird beetle (No / plant) at | | | Mean |
|---|---|---|---|---|---|---|
| | | | 3 DAT | 7 DAT | 10 DAT | |
| 1 | Flonicamid 50 WG | 0.01% | 0.76 (0.86) | 0.80 (0.87) | 0.87 (0.91) | 0.81 (0.88) |
| 2 | Flonicamid 50 WG | 0.02% | 0.75 (0.86) | 0.79 (0.86) | 0.85 (0.90) | 0.80 (0.87) |
| 3 | Dinotefuran 20SG | 0.006% | 0.72 (0.84) | 0.75 (0.84) | 0.80 (0.87) | 0.76 (0.85) |
| 4 | Dinotefuran 20SG | 0.008% | 0.82 (0.91) | 0.92 (0.93) | 0.94 (0.94) | 0.89 (0.93) |
| 5 | Imidacloprid 30.5 SC | 0.005% | 0.89 (0.94) | 0.95 (0.95) | 0.90 (0.92) | 0.91 (0.94) |
| 6 | Acetamiprid 20 SP | 0.004% | 0.59 (0.75) | 0.77 (0.85) | 0.80 (0.87) | 0.72 (0.82) |
| 7 | Fipronil  5 SC | 0.015% | 0.59 (0.75) | 0.80 (0.87) | 0.72 (0.84) | 0.70 (0.82) |
| 8 | Control (Water spray). | - | 0.86 (0.90) | 0.94 (0.95) | 0.97 (0.98) | 0.92 (0.94) |
| | F test | | NS | NS | NS | NS |
| | SE (m)± | | 0.03 | 0.04 | 0.03 | 0.03 |
| | CD at 5% | | - | - | - | - |
| | CV % | | - | - | - | - |

**Nota:** Os valores entre parêntesis correspondem ao valor de transformação $\sqrt{x+0,5}$

# 3.10 Efeito cumulativo de vários tratamentos na população de crisopa

Os dados apresentados no quadro 20 relativos à população de crisopas, registados em diferentes intervalos de observação após a pulverização dos tratamentos, não foram significativos. No entanto, foi registado um número numericamente maior de larvas de crisopa na parcela de controlo não tratada (0,64 por planta). Por outro lado, a população de larvas de crisopa variou entre 0,57 e 0,62 larvas por planta nas parcelas tratadas com diferentes insecticidas.

## Quadro 20: Efeito cumulativo de vários tratamentos na população de crisopa

| Tr. No. | Treatments | Conc. | Average population of chrysopa (No / plant) at | | | Mean |
|---|---|---|---|---|---|---|
| | | | 3 DAT | 7 DAT | 10 DAT | |
| 1 | Flonicamid 50 WG | 0.01% | 0.57 (0.75) | 0.55 (0.74) | 0.58 (0.76) | 0.57 (0.75) |
| 2 | Flonicamid 50 WG | 0.02% | 0.57 (0.75) | 0.62 (0.78) | 0.59 (0.76) | 0.59 (0.76) |
| 3 | Dinotefuran 20SG | 0.006% | 0.54 (0.73) | 0.57 (0.75) | 0.60 (0.77) | 0.57 (0.75) |
| 4 | Dinotefuran 20SG | 0.008% | 0.57 (0.75) | 0.59 (0.76) | 0.55 (0.74) | 0.57 (0.75) |
| 5 | Imidacloprid 30.5 SC | 0.005% | 0.59 (0.76) | 0.62 (0.78) | 0.64 (0.79) | 0.62 (0.78) |
| 6 | Acetamiprid 20 SP | 0.004% | 0.57 (0.75) | 0.57 (0.75) | 0.62 (0.78) | 0.59 (0.76) |
| 7 | Fipronil 5 SC | 0.015% | 0.49 (0.70) | 0.60 (0.77) | 0.57 (0.75) | 0.55 (0.74) |
| 8 | Control (Water spray). | - | 0.63 (0.79) | 0.62 (0.78) | 0.67 (0.81) | 0.64 (0.79) |
| | F test | | NS | NS | NS | NS |
| | SE (m)± | | 0.06 | 0.06 | 0.07 | 0.06 |
| | CD at 5% | | - | - | - | - |
| | CV % | | - | - | - | - |

**Nota**: Os valores entre parêntesis correspondem ao valor de transformação $\sqrt{x+0,5}$

# 3.11 Efeito cumulativo de vários tratamentos na população de aranhas

Os resultados apresentados no quadro 21 revelam diferenças não significativas entre os tratamentos no que respeita à população de aranhas registada em diferentes intervalos de observação após a pulverização dos tratamentos. A população de aranhas registada nos diferentes tratamentos insecticidas variou entre 0,64 e 0,70 aranhas por planta. No entanto, na parcela de controlo não tratada foi observado um número numericamente mais elevado de aranhas (0,72 aranhas/planta).

## Quadro 21: Efeito cumulativo dos vários tratamentos na população de aranhas

| Tr. No. | Treatments | Conc. | Average population of spiders (No / plant) at | | | Mean |
|---|---|---|---|---|---|---|
| | | | 3 DAT | 7 DAT | 10 DAT | |
| 1 | Flonicamid 50 WG | 0.01% | 0.73 (0.85) | 0.70 (0.83) | 0.67 (0.81) | 0.70 (0.83) |
| 2 | Flonicamid 50 WG | 0.02% | 0.72 (0.84) | 0.70 (0.83) | 0.68 (0.82) | 0.70 (0.83) |
| 3 | Dinotefuran 20SG | 0.006% | 0.67 (0.82) | 0.72 (0.84) | 0.62 (0.78) | 0.67 (0.81) |
| 4 | Dinotefuran 20SG | 0.008% | 0.63 (0.79) | 0.62 (0.79) | 0.67 (0.81) | 0.64 (0.80) |
| 5 | Imidacloprid 30.5 SC | 0.005% | 0.63 (0.79) | 0.74 (0.85) | 0.68 (0.82) | 0.68 (0.82) |
| 6 | Acetamiprid 20 SP | 0.004% | 0.72 (0.84) | 0.69 (0.82) | 0.68 (0.82) | 0.70 (0.83) |
| 7 | Fipronil 5 SC | 0.015% | 0.65 (0.80) | 0.67 (0.81) | 0.65 (0.80) | 0.66 (0.80) |
| 8 | Control (Water spray). | - | 0.70 (0.83) | 0.77 (0.85) | 0.70 (0.83) | 0.72 (0.84) |
| | F test | | NS | NS | NS | NS |
| | SE (m)± | | 0.01 | 0.03 | 0.01 | 0.02 |
| | CD at 5% | | - | - | - | - |
| | CV % | | - | - | - | - |

**Nota:** Os valores entre parêntesis correspondem ao valor de transformação $\sqrt{x+0{,}5}$

## 3.12 Efeito de vários tratamentos no rendimento do algodão em caroço.

Os dados apresentados no Quadro 22 indicam que todos os tratamentos produziram um rendimento de algodão em caroço significativamente superior ao da parcela de controlo. Entre eles, a parcela tratada com fipronil 0,015% registou um maior rendimento de algodão em caroço de 13,24 q/ha. Este tratamento foi encontrado a par com dinotefuran 20 SP @ 0.008% (12.82 q/ha), flonicamid 0.02% e imidacloprid 0.005% ambos registados (12.78 q/ha), acetamiprid 0.004% (12.50 q/ha) e dinotefuran 0.006% (12.27 q/ha). O próximo tratamento eficaz foi o flonicamid 0,01%, que produziu um rendimento de algodão em caroço de (10,93 q/ha).

**Table 22:   Efeito de vários tratamentos no rendimento do algodão em caroço.**

| Tr. No. | Treatments | Conc. | Seed cotton yield kg/plot | | | | Seed cotton yield (q/ha) |
|---|---|---|---|---|---|---|---|
| | | | R I | R II | R III | Mean | |
| 1 | Flonicamid 50 WG | 0.01% | 1.92 | 2.42 | 2.73 | 2.36 | 10.93 |
| 2 | Flonicamid 50 WG | 0.02% | 2.76 | 2.81 | 2.72 | 2.76 | 12.78 |
| 3 | Dinotefuran 20 SG | 0.006% | 2.68 | 2.51 | 2.76 | 2.65 | 12.27 |
| 4 | Dinotefuran 20 SG | 0.008% | 2.92 | 2.79 | 2.61 | 2.77 | 12.82 |
| 5 | Imidacloprid 30.5 SC | 0.005% | 2.68 | 2.71 | 2.88 | 2.76 | 12.78 |
| 6 | Acetamiprid 20 SP | 0.004% | 2.72 | 2.58 | 2.81 | 2.70 | 12.50 |
| 7 | Fipronil 5 SC | 0.015% | 2.78 | 2.65 | 3.16 | 2.86 | 13.24 |
| 8 | Control (Water spray) | - | 1.88 | 2.10 | 1.71 | 1.90 | 8.80 |
| | F test SE (m)± CD at 5% CV % | | | | | Sig. 0.12 0.36 8.05 | |

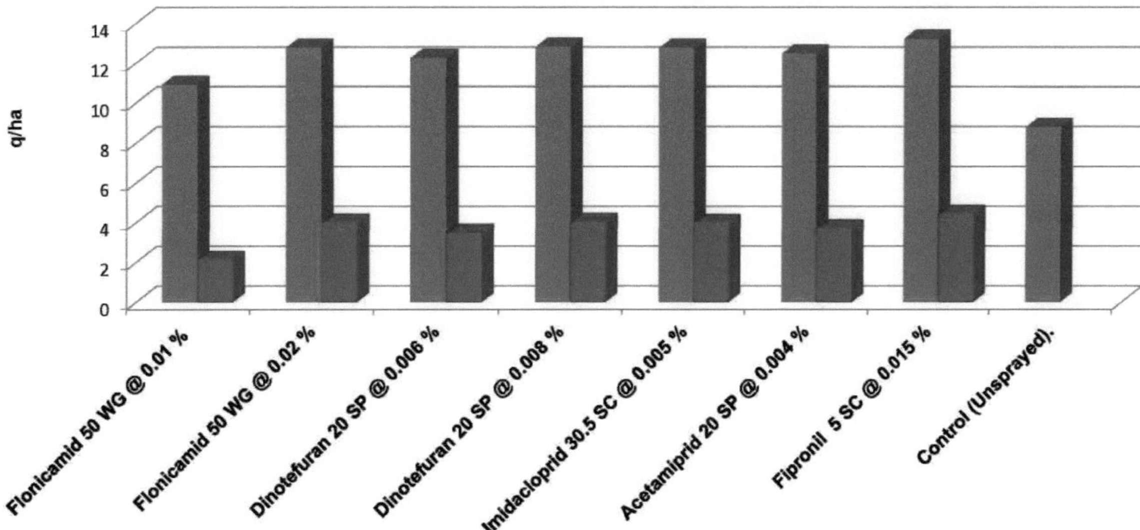


Figura.2 Efeito dos vários tratamentos no rendimento do algodão em caroço

53

## 3.13 Rácio custo-benefício incremental de vários tratamentos.

A relação custo-benefício incremental mostrada no Quadro 23 revela que o tratamento com imidaclopride 0,005% foi o tratamento económico mais viável, dando o ICBR mais elevado de 1:5,62, devido à sua baixa taxa de aplicação e ao custo mínimo de proteção das plantas. Segue-se a aplicação de acetamipride 0,004% e fipronil 0,015%, com ICBR de 1:4,22 e 1:2,39, respetivamente. Os restantes tratamentos, nomeadamente dinotefurão 0,006%, flonicamida 0,02%, dinotefurão 0,008% e flonicamida 0,01%, revelaram-se menos económicos, com ICBR de 1:1,85, 1:1,75, 1:1,74 e 1:1,50, respetivamente.

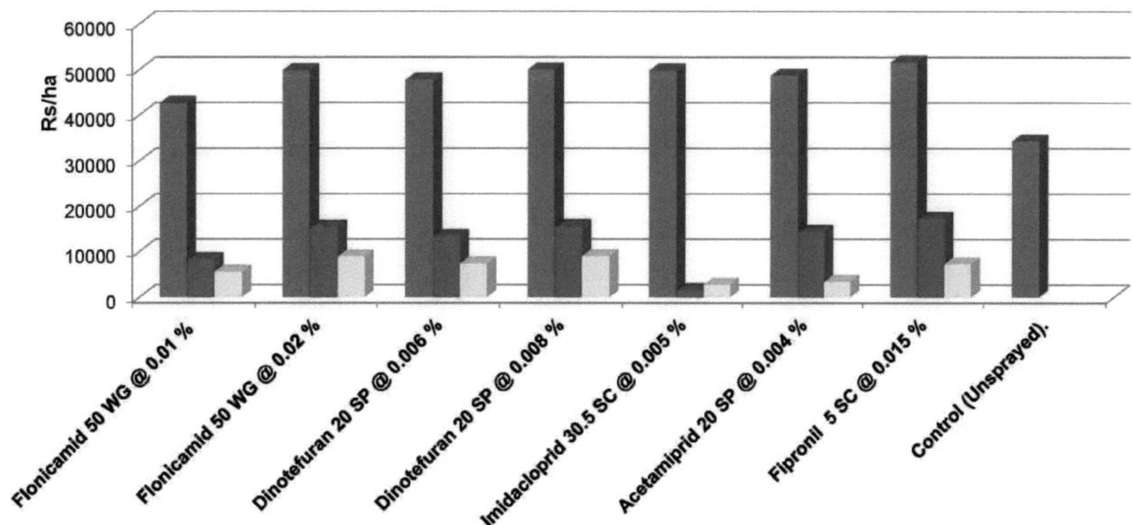


Figura. 3 Economia dos vários tratamentos

**Table 23: Relação custo-benefício incremental em vários tratamentos insecticidas.**

| Sr. No. | Treatments | Conc. (%) | Yield of Seed cotton (q/ha) | Cost of Seed cotton (Rs/ha) | Yield increase over control (q/ha) | Cost of increased yield over control (Rs/ha) | Plant protection Cost (Rs/ha) | ICBR | Rank |
|---|---|---|---|---|---|---|---|---|---|
| 1 | Flonicamid 50 WG | 0.01 | 10.93 | 42627 | 2.13 | 8307 | 5553.2 | 1:1.50 | VII |
| 2 | Flonicamid 50 WG | 0.02 | 12.78 | 49842 | 3.98 | 15522 | 8888.6 | 1:1.75 | V |
| 3 | Dinotefuran 20 SG | 0.006 | 12.27 | 47853 | 3.47 | 13533 | 7320 | 1:1.85 | IV |
| 4 | Dinotefuran 20 SG | 0.008 | 12.82 | 49998 | 4.02 | 15678 | 9020 | 1:1.74 | VI |
| 5 | Imidacloprid 30.5 SC | 0.005 | 12.78 | 49842 | 3.98 | 1552 | 2760.6 | 1:5.62 | I |
| 6 | Acetamiprid 20 SP | 0.004 | 12.50 | 48750 | 3.70 | 14430 | 3420 | 1:4.22 | II |
| 7 | Fipronil 5 SC | 0.015 | 13.24 | 51636 | 4.44 | 17316 | 7260 | 1:2.39 | III |
| 8 | Control (Unsprayed). | - | 8.80 | 34320 | | | | | |

*Custo do algodão em caroço - a 3900 rúpias por quintal.

# CONCLUSÕES:

Por fim, conclui-se que as novas moléculas químicas, nomeadamente dinotefurano 0,008% e flonicamida 0,02%, bem como fipronil 0,015%, acetamipride 0,004% e imidaclopride 0,005%, provaram ser eficazes no combate à ameaça das principais pragas sugadoras (pulgões, cigarrinhas, tripes e moscas brancas) e resultaram num maior rendimento do algodão em caroço. Todos os tratamentos se revelaram menos prejudiciais no que respeita aos inimigos naturais.

No entanto, com base nos retornos, o imidaclopride 0,005% emergiu como o tratamento economicamente mais viável, seguido pelo acetamipride 0,004%, fipronil 0,015%, dinotefurano 0,006% e flonicamida 0,02%. Assim, estes produtos químicos seriam úteis para mitigar o problema das pragas sugadoras, que são alarmantes na situação atual, e poderiam ser incluídos no IPM do algodão Bt ou do algodão convencional como um componente promissor.

## LITERATURA CITADA

Cannon, R.J.C. 2000. Culturas transgénicas Bt: riscos e benefícios. *Integrated Pest Management Review.*5 (3):151-173.

Dhawan, A. K. e A. S. Sidhu, 1988.Assessment of avoidable losses in cotton jassid on Hirsutum cotton.*Indian Journal of plant protection.* 14:45-50.

Gomez, K.A. e A.A. Gomez (1984) Problem data. In:Statistical procedures for Agricultural Research. John and Wiley Sons: 272-315

Khadi, B.M. 2003. Comercialização do algodão Bt: It's success and problems in Indian Agriculture, *Pestology.* 27(6):41-58.

Kulkarni, K. A. ; S. B. Patil e S. S. Udikeri, 2003. Status do IPM sustentável de pragas de algodão: A scenario in Karnataka: In proceedings of National Symposium on Sustainable Insect Pest Management, 2003, ERI, Loyala Collage, Chennai.

Manjunath, T. M. 2004. Bt cotton in India: A tecnologia vence enquanto a controvérsia diminui. http://www.Monsanto.co.uk/news/uskshowlib.html.

Mayee, C. D. e M. R. K. Rao, 2002. Cenário atual de produção e proteção do algodão, incluindo o algodão G. M. *Agrolook.* abril- junho: 14-20.

Rohini, A.; N. S. D. Prasad e M. S. V. Chalam, 2011. Gestão das principais pragas sugadoras do algodão através de insecticidas. *Ann. Pl. Protect. Sci.* 20 (1) : 102-106.

# APÊNDICE I

| | | **Weekly weather Data for the Year 2013 recorded at Agro met. Observatory, Dr. PDKV, Akola** | | | | | | | | | | | | | | | | | | |
| --- | --- | --- | --- | --- | --- | --- | --- | --- | --- | --- | --- | --- | --- | --- | --- | --- | --- | --- | --- | --- |
| | | **2013** | | | | | | | | | | | | | | | | | **1971-2010** | |
| Weeks | Dates | T MAX (°C) | | T MIN (°C) | | BSH (hrs) | | WS (km/hr) | | RH I (%) | | RH II (%) | | Evap (mm) | | RF (mm) | | CRF (mm) | Ramy Days | |
| | | N | A | N | A | N | A | N | A | N | A | N | A | N | A | N | A | | N | A |
| 1 | 1-7 Jan | 28.8 | 29.3 | 11.0 | 13.0 | 8.2 | 6.8 | 4.4 | 0.9 | 71 | 78 | 31 | 27 | 4.2 | 61.1 | 2.8 | 8.0 | 8 0 | 0 2 | 1.0 |
| 2 | 8-14 | 29.3 | 28.0 | 11.7 | 9.1 | 8.3 | 7.8 | 4.4 | 0.5 | 71 | 68 | 30 | 16 | 4.4 | 4.0 | 3.3 | 0.0 | 8.0 | 0.2 | 0.0 |
| 3 | 15-21 | 30.0 | 30.8 | 12.0 | 13.0 | 8.6 | 7.5 | 4.5 | 2.2 | 68 | 68 | 28 | 28 | 4.9 | 5.0 | 0.7 | 0.0 | 8.0 | 0.1 | 0.0 |
| 4 | 22-28 | 30.6 | 27.2 | 12.0 | 14.2 | 8.8 | 4.5 | 4.6 | 3.1 | 65 | 78 | 26 | 37 | 5.2 | 4.2 | 0.9 | 19.5 | 27.5 | 0.1 | 1.0 |
| 5 | 29-4 Feb | 31.0 | 30.1 | 12.6 | 14.9 | 8.8 | 4.0 | 4.9 | 1.8 | 62 | 62 | 25 | 22 | 5.5 | 44 | 3.0 | 0.0 | 27.5 | 0 2 | 0.0 |
| 6 | 5-11 | 31.4 | 31.5 | 12.7 | 17.3 | 8.8 | 5.4 | 5.0 | 3.1 | 59 | 72 | 23 | 34 | 5.9 | 5 0 | 3.7 | 0.7 | 28.2 | 0 3 | 0.0 |
| 7 | 12-18 | 32.7 | 31.0 | 14.4 | 16.0 | 9.0 | 6.6 | 5.4 | 3.1 | 55 | 73 | 22 | 27 | 6.6 | 5.2 | 0.1 | 3.5 | 31.7 | 0.0 | 1.0 |
| 8 | 19-25 | 33.4 | 31.6 | 14.5 | 14.4 | 9.1 | 8.3 | 5.7 | 2.9 | 54 | 69 | 21 | 24 | 7.3 | 5.8 | 2.5 | 2.7 | 34.4 | 0.2 | 0.0 |
| 9 | 26-4 Mar | 35.0 | 34.5 | 15.7 | 14.6 | 9.5 | 8.9 | 6.1 | 1.7 | 50 | 53 | 18 | 14 | 8.2 | 6.8 | 4.1 | 0.0 | 34.4 | 0.3 | 0.0 |
| 10 | 5-11 | 35.9 | 36.6 | 17.3 | 15.2 | 9.2 | 9.0 | 6.1 | 1.8 | 46 | 40 | 20 | 15 | 8.8 | 8 7 | 5.2 | 0.0 | 34.4 | 0 3 | 0.0 |
| 11 | 12-18 | 37.0 | 36.7 | 18.1 | 20.0 | 9.1 | 7.5 | 6.3 | 3.5 | 45 | 58 | 18 | 29 | 9.2 | 9 2 | 2.4 | 0.0 | 34.4 | 0 3 | 0.0 |
| 12 | 19-25 | 38.4 | 37.4 | 19.3 | 21.3 | 9.2 | 7.2 | 6.4 | 2.7 | 39 | 57 | 15 | 29 | 10 4 | 8 4 | 0.6 | 2.5 | 36.9 | 0 1 | 1.0 |
| 13 | 26-1 Apr | 39.0 | 39.0 | 20.4 | 22.8 | 9.2 | 7.9 | 6.9 | 3.6 | 37 | 48 | 15 | 27 | 11.2 | 10.7 | 2.2 | 0.0 | 36.9 | 0.2 | 0.0 |
| 14 | 2-8 Apr | 40.0 | 39.7 | 21.7 | 23.3 | 9.4 | 9.3 | 7.3 | 2.8 | 37 | 33 | 14 | 13 | 11.7 | 11.5 | 1.0 | 0.0 | 36.9 | 0.1 | 0.0 |
| 15 | 9-15 | 40.8 | 41.3 | 23.1 | 26.2 | 9.5 | 7.1 | 8.4 | 2.7 | 35 | 32 | 14 | 14 | 12 9 | 11.5 | 0.4 | 0.0 | 36.9 | 0 1 | 0.0 |
| 16 | 16-22 | 41.6 | 38.9 | 24.1 | 24.5 | 9.7 | 8.3 | 8.6 | 6.8 | 36 | 46 | 14 | 21 | 13 9 | 12.8 | 0.5 | 1.5 | 38.4 | 0 1 | 0.0 |
| 17 | 23-29 | 42.3 | 41.0 | 25.4 | 25.6 | 9.8 | 8.4 | 9.0 | 4.1 | 37 | 43 | 15 | 18 | 14 7 | 12.9 | 0.5 | 0.0 | 38.4 | 0 1 | 0.0 |
| 18 | 30- 6 May | 42.6 | 43.9 | 26.6 | 29.4 | 9.4 | 8.5 | 10.5 | 6.9 | 39 | 28 | 15 | 13 | 15.5 | 15.7 | 0.8 | 0.0 | 38 4 | 0.1 | 0.0 |
| 19 | 7-13 | 42.6 | 43.3 | 27.1 | 29.2 | 9.7 | 9.1 | 12.2 | 10.0 | 42 | 33 | 17 | 13 | 16.2 | 18.4 | 1.3 | 0.0 | 38.4 | 0.1 | 0.0 |
| 20 | 14-20 | 42.5 | 43.3 | 27.7 | 29.9 | 9.4 | 8.6 | 14.2 | 8.2 | 47 | 38 | 19 | 15 | 16.8 | 16.5 | 2.8 | 0.0 | 38.4 | 0.4 | 0.0 |
| 21 | 21-27 | 42.1 | 43.6 | 27.8 | 29.6 | 9.5 | 8.8 | 15 1 | 14.5 | 50 | 45 | 20 | 19 | 16 9 | 21.7 | 3.8 | 0.0 | 38.4 | 0 4 | 0.0 |
| 22 | 28-3 Jun | 41.7 | 41.4 | 27.8 | 29.3 | 9.4 | 7.4 | 15 2 | 12.3 | 53 | 54 | 23 | 30 | 16 2 | 16.2 | 6.3 | 0.0 | 38.4 | 0 4 | 0.0 |
| 23 | 4-10 | 40.2 | 35.3 | 26.9 | 24.5 | 8.4 | 4.3 | 15.2 | 7.4 | 62 | 83 | 30 | 47 | 14.0 | 7.6 | 16.8 | 47.3 | 85.7 | 1.0 | 4.0 |
| 24 | 11-17 | 38.0 | 31.3 | 25.7 | 23.7 | 7.1 | 2.2 | 13.4 | 8.2 | 69 | 89 | 40 | 67 | 11.1 | 5.7 | 43.6 | 138.0 | 223.7 | 1.7 | 5.0 |
| 25 | 18-24 | 35.5 | 32.6 | 25.0 | 24.6 | 5.8 | 4.2 | 14.2 | 9.6 | 74 | 86 | 48 | 57 | 9.2 | 6.6 | 43.5 | 31.5 | 255.2 | 2.0 | 1.0 |
| 26 | 25-1Jul | 33.8 | 29.2 | 24.3 | 23.4 | 4.8 | 1.3 | 12 8 | 10.2 | 80 | 91 | 55 | 68 | 7.4 | 4 8 | 43.4 | 50 1 | 305 3 | 2 2 | 3.0 |
| 27 | 2-8 | 33.2 | 30.5 | 24.0 | 23.8 | 4.8 | 2.5 | 12 0 | 9.0 | 81 | 91 | 58 | 65 | 6.5 | 5 2 | 39.4 | 56 0 | 361 3 | 2 2 | 4.0 |
| 28 | 9-15 | 32.3 | 30.3 | 23.8 | 23.5 | 3.8 | 1.4 | 11 2 | 10.3 | 83 | 91 | 60 | 70 | 5.5 | 4 5 | 42.8 | 35 6 | 396 9 | 2 5 | 2.0 |
| 29 | 16-22 | 31.9 | 27.4 | 23.6 | 22.9 | 4.0 | 0.4 | 10.4 | 11.4 | 84 | 94 | 63 | 81 | 5.2 | 2.6 | 52.8 | 48.0 | 444.9 | 2.4 | 5.0 |
| 30 | 23-29 | 31.3 | 28.1 | 23.3 | 22.9 | 4.0 | 0.4 | 10.8 | 7.8 | 86 | 82 | 64 | 78 | 4.8 | 2.8 | 43.4 | 88.4 | 533.3 | 2.6 | 5.0 |
| 31 | 30-5 Aug | 30.9 | 26.8 | 23.3 | 22.3 | 3.5 | 1.5 | 10 6 | 9.6 | 86 | 95 | 67 | 89 | 4.6 | 3 8 | 49.6 | 109 0 | 642 3 | 2 4 | 4.0 |
| 32 | 6-12 | 29.9 | 29.0 | 23.0 | 23.1 | 3.2 | 1.5 | 10 9 | 6.2 | 88 | 90 | 70 | 70 | 4.1 | 4 0 | 61.0 | 6.5 | 648 8 | 2 8 | 1.0 |
| 33 | 13-19 | 30.4 | 30.4 | 23.0 | 23.3 | 4.0 | 3.1 | 12 4 | 5.1 | 87 | 88 | 67 | 62 | 4.5 | 5 0 | 35.9 | 7.0 | 655 8 | 2 0 | 1.0 |
| 34 | 20-26 | 30.4 | 25.1 | 22.8 | 21.8 | 4.1 | 0.0 | 11.9 | 11.6 | 87 | 95 | 67 | 89 | 4.3 | 2.6 | 42.5 | 47.9 | 703.7 | 1.9 | 5.0 |
| 35 | 27-2 Sep | 30.5 | 30.2 | 22.7 | 22.8 | 4.2 | 3.9 | 9.3 | 4.1 | 87 | 85 | 66 | 54 | 4.6 | 3.8 | 42.4 | 4.5 | 708.2 | 2.1 | 0.0 |
| 36 | 3-9 | 31.0 | 32.2 | 22.5 | 22.6 | 5.3 | 7.4 | 8.6 | 4.3 | 87 | 83 | 62 | 46 | 5.3 | 5.7 | 33.6 | 2.0 | 710.2 | 1.5 | 0.0 |
| 37 | 10-16 | 32.1 | 34.2 | 22.4 | 23.1 | 6.6 | 6.0 | 8.0 | 2.1 | 85 | 86 | 57 | 46 | 5.1 | 5 1 | 22.0 | 44 7 | 754 9 | 1 1 | 2.0 |
| 38 | 17-23 | 32.9 | 30.2 | 22.4 | 22.8 | 6.8 | 2.7 | 6.4 | 3.5 | 84 | 92 | 55 | 69 | 5.2 | 3 8 | 23.7 | 104 3 | 859 2 | 1 4 | 4.0 |
| 39 | 24-30 | 33.5 | 32.0 | 22.1 | 22.8 | 7.3 | 6.0 | 5.1 | 2.6 | 84 | 81 | 50 | 46 | 5.0 | 4.2 | 24.4 | 0.9 | 860.1 | 1.4 | 0.0 |
| 40 | 1-7 Oct | 33.7 | 31.6 | 21.2 | 23.1 | 7.6 | 5.0 | 4.8 | 4.3 | 82 | 92 | 47 | 62 | 5.4 | 5.2 | 23.4 | 68.4 | 928.5 | 1.1 | 2.0 |
| 41 | 8-14 | 34.0 | 31.5 | 19.8 | 22.3 | 8.1 | 6.0 | 4.5 | 2.3 | 78 | 90 | 40 | 51 | 5.3 | 4.5 | 13.1 | 15.4 | 943.9 | 0.7 | 1.0 |
| 42 | 15-21 | 33.7 | 33.5 | 18.3 | 20.4 | 8.2 | 7.7 | 4.6 | 0.8 | 76 | 82 | 37 | 37 | 5.3 | 4 5 | 6.1 | 1.0 | 944 9 | 0 4 | 0.0 |
| 43 | 22-28 | 33.1 | 31.3 | 16.8 | 20.3 | 8.3 | 6.3 | 4.4 | 1.7 | 74 | 88 | 34 | 49 | 5.3 | 4 1 | 7.6 | 1.5 | 946 4 | 0 4 | 0.0 |
| 44 | 29-4 Nov | 32.7 | 32.6 | 16.0 | 15.9 | 8.4 | 7.9 | 4.1 | 0.8 | 73 | 85 | 32 | 29 | 5.3 | 4 1 | 2.3 | 0.0 | 946 4 | 0 2 | 0.0 |
| 45 | 5-11 | 32.3 | 31.6 | 15.2 | 15.6 | 8.4 | 6.6 | 3.9 | 1.4 | 71 | 85 | 32 | 30 | 5.1 | 4.5 | 3.0 | 0.0 | 946.4 | 0.2 | 0.0 |
| 46 | 12-18 | 31.6 | 29.5 | 14.6 | 13.4 | 8.3 | 5.6 | 3.9 | 1.3 | 73 | 83 | 32 | 26 | 4.8 | 4.2 | 5.3 | 0.0 | 946.4 | 0.2 | 0.0 |
| 47 | 19-25 | 31.0 | 31.0 | 13.3 | 14.5 | 8.4 | 7.3 | 3.7 | 1.3 | 72 | 82 | 30 | 30 | 4.6 | 4 6 | 7.7 | 0.0 | 946 4 | 0 3 | 0.0 |
| 48 | 26-2 Dec | 30.5 | 30.4 | 12.8 | 16.3 | 8.4 | 5.0 | 3.6 | 1.2 | 71 | 78 | 32 | 35 | 4.4 | 3 8 | 5.5 | 0.0 | 946 4 | 0 3 | 0.0 |
| 49 | 3-9 | 30.0 | 29.6 | 11.9 | 12.5 | 8.4 | 6.8 | 3.8 | 1.0 | 71 | 81 | 30 | 23 | 4.3 | 3 8 | 1.0 | 0.0 | 946 4 | 0 1 | 0.0 |
| 50 | 10-16 | 29.6 | 28.9 | 10.9 | 8.4 | 8.4 | 8.6 | 3.6 | 0.5 | 71 | 82 | 28 | 17 | 4.2 | 3.7 | 0.8 | 0.0 | 946.4 | 0.1 | 0.0 |
| 51 | 17-23 | 29.5 | 29.5 | 10.8 | 9.8 | 8.5 | 7.9 | 3.8 | 0.7 | 70 | 84 | 29 | 21 | 4.1 | 3.8 | 0.9 | 0.0 | 946.4 | 0.1 | 0.0 |
| 52 | 24-31 | 29.1 | 28.8 | 11.1 | 13.6 | 8.3 | 4.2 | 4.5 | 1.0 | 71 | 84 | 30 | 31 | 4.2 | 3 8 | 2.6 | 0.0 | 946 4 | 0 2 | 0.0 |
| | | | | | | | | | | | | | | TOTAL RFJanuary to Dec | | | | 946 4 | | 53 |
| | | | | | | | | | | | | | | Total RFJune to Dec | | | | 908 0 | | 49 |

## N: Normal; A: Atual

Printed by Books on Demand GmbH, Norderstedt / Germany